もくじ

〈割合とグラフ〉

ページ

帯グラフ……2

帯グラフ①②……3

円グラフ……5

円グラフ①②……6

まとめのテスト 割合とグラフ[1][2] 8

〈割合〉

割合を求める……10

割合①……11

割合②～⑤ 百分率……12

割合⑥ 小数・百分率・歩合……16

割合⑦ 歩合……17

比べられる量を求める……18

割合⑧～⑩ 比べられる量を求める……19

もとにする量を求める……22

割合⑪～⑬ もとにする量を求める……23

割合⑭～㉕ いろいろな問題……26

まとめのテスト 割合[1]～[4]……38

〈比〉

ページ

等しい比……42

比で表す……43

等しい比①～⑤……44

比の値……49

比の値……50

比の利用……51

比の利用①②……52

内項の積と外項の積……54

内項の積と外項の積①～④……55

比例配分……59

比例配分……60

比の応用問題①～⑧……61

連比……69

連比①②……70

まとめのテスト 比[1]～[9]……72

—— 答え —— 81

まえがき

割合の文章題は「比べられる量÷もとにする量＝割合」で解いていくのが基本です。しかし、この求め方を覚えたからといって、問題文の数量の相互の関係がつかめるとはかぎりません。数量間の関係をつかむには、問題文を線分図や表にすることが大切です。

線分図や表のかき方・つくり方を、このプリントでしっかり練習してください。

比は、比べる数量をならべて、1.2L：1.5L→1.2：1.5と表し、さらに簡単な整数に直すところからスタートします。

そして比の文章題を解くには、等しい比の式をつくってから計算します。

教科書は、次のように解きます。

$$7 : 5 = 28 : \square \quad (7\times\bigcirc,\ 5\times\bigcirc) \qquad 28 \div 7 = 4 \qquad 5 \times 4 = 20$$

このプリントには、内項の積＝外項の積　を使って解く方法ものせてあります。

$$7 : 5 = 28 : \square \quad (5\times28,\ 7\times\square) \qquad 5 \times 28 \div 7 = 20$$

この方法にもチャレンジしてください。

割合とグラフ　帯グラフ

右の表は、中国地方の県の面積を表しています。

中国地方の県の面積

県　名	面積(百km²)
鳥取	35
島根	67
岡山	71
広島	85
山口	61
合計	319

この表をグラフにすることを考えてみましょう。

ぼうグラフにしてみよう。

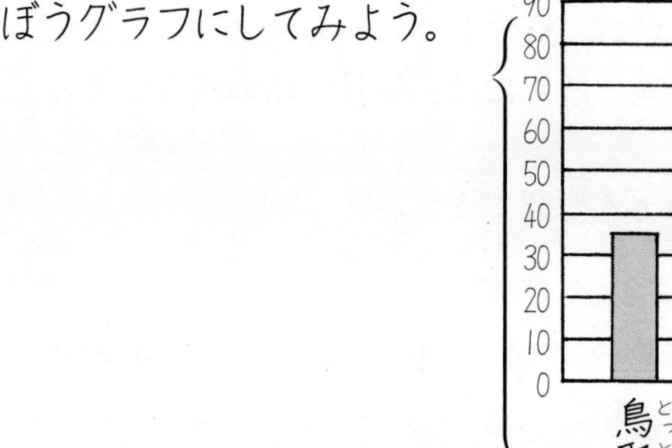

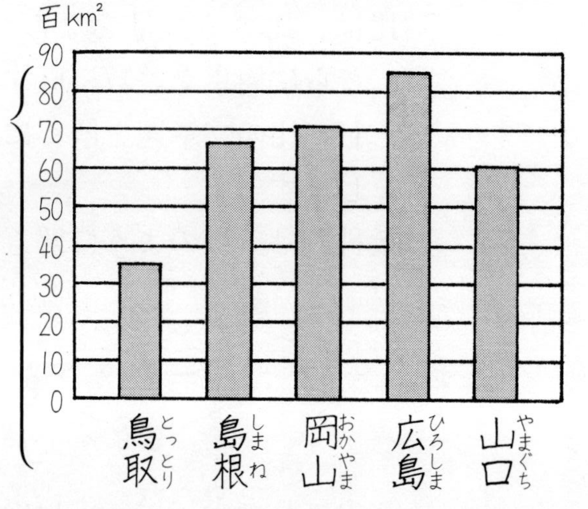

面積の広い順にならべかえた方が見やすいと思います。

面積の大きさを見やすく表すとぼうグラフになりますね。

面積の大きさの関係をわかりやすく表すには、帯グラフをかきます。

ぼうグラフを全部横につなぐと、

はばをもうすこし広げて、

広島　岡山　島根　山口　鳥取

この帯の長さを10cm（100mm）にして、100の目もりをつけると、こうなります。

中国地方の県の面積

広島　岡山　島根　山口　鳥取

0　10　20　30　40　50　60　70　80　90　100%

これが帯グラフです。

帯グラフは割合を見やすく表しています。

割合とはなんでしょうか。

これから割合の勉強にはいります。

中国地方の県の面積

県　名	面積(百km²)	割　合	百分率(%)
鳥取	35	0.11	11
島根	67	0.21	21
岡山	71	0.22	22
広島	85	0.27	27
山口	61	0.19	19
合計	319	1	100

1 割合とグラフ　帯グラフ ①

名前

右は四国地方の地図です。
これを見て、下の表に各県の面積を百 km^2 を単位にして、記入しましょう。

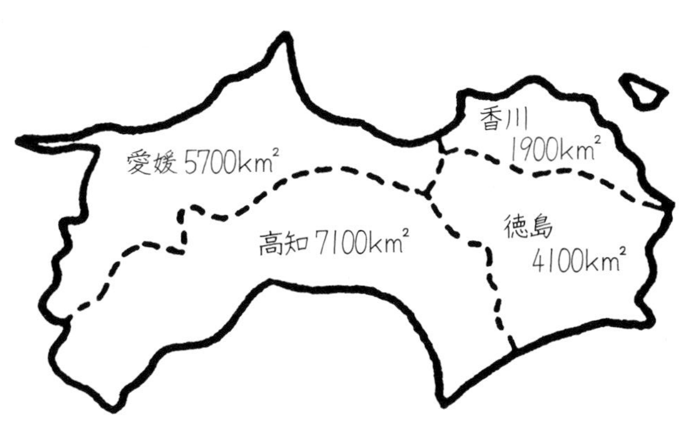

四国地方の県の面積

県　名	面積(百km^2)	割　合	百分率(%)
徳　島		0.22	22
香　川			
愛　媛			
高　知			
合計	188	1	100

☆割合と百分率は、計算をしてから記入します。
◎割合を 100 倍すると百分率になります。%はパーセントと読みます。

四国地方の4県の面積の合計は、188 百 km^2 になります。この 188 百 km^2 のなかで、4県はどれほどの大きさをしめているのでしょうか。
この大きさを比べるのに、割合を使います。
割合は、全体（ここでは 188 百 km^2）を 1 とみて、4県をそれぞれ小数で表します。

☆徳島県の割合を求めてみましょう。（小数第3位を四捨五入）

$41 \div 188 = 0.22$

0.22 は百分率では 22% です。

```
        0.218 → 0.22
188 ) 410
      376
      ---
       340
       188
       ---
       1520
       1504
       ----
         16
```

1．香川、愛媛、高知の各県が、四国全体にしめる割合を求めましょう。百分率もだしましょう。
（小数第3位を四捨五入）

① 香川県　＿＿＿＿　＿＿＿＿

② 愛媛県　＿＿＿＿　＿＿＿＿

③ 高知県　＿＿＿＿　＿＿＿＿

（計　算）

2．上の結果を左の表に記入しましょう。

3．左上の表を見て、下の帯グラフを完成しましょう。
（面積の広い順にかきます。）

四国地方の県の面積

0　10　20　30　40　50　60　70　80　90　100%

2 割合とグラフ　帯グラフ ②

名前

割合は、次の式で求められます。

比べられる量 ÷ もとにする量 ＝ 割合

前のページの問題で確かめてみましょう。

比べられる量 ÷ もとにする量 ＝ 割合

☆ 徳島県 ÷ 四国全体 ＝ 割合　41÷188=0.22

① 香川県 ÷ 四国全体 ＝ 割合　19÷188=0.1

② 愛媛県 ÷ 四国全体 ＝ 割合　57÷188=0.3

③ 高知県 ÷ 四国全体 ＝ 割合　71÷188=0.38

割合を表す0.01を、百分率で表すと1％になります。

0.01 ＝ 1 ％

0.1 ＝ 10 ％

1 ＝ 100 ％（百分率はもとにする量を100にします。）

下の表は、Aスポーツセンターの種目別の定員と、現在の会員を表しています。定員に対する会員数の割合を調べましょう。

（小数第2位までわりきれます。）

種目	定員(人)	会員数(人)	割合	百分率（%）
テニス	40	34		
バスケット	25	21		
バドミントン	15	12		

比べられる量は、現在の会員数です。
もとにする量は、定員です。

表のそれぞれの割合と、百分率を求めて、表に記入しましょう。

（計　算）

① テニス

② バスケット

③ バドミントン

割合とグラフ　円グラフ

割合のグラフは、円グラフで表すこともできます。

帯グラフで表した「中国地方の県の面積」をみて、円グラフの表し方を考えてみましょう。

中国地方の県の面積

広島 | 岡山 | 島根 | 山口 | 鳥取

0　10　20　30　40　50　60　70　80　90　100%

円グラフは、円の周りが100に分けてあるから…

周りの目もりと、円の中心を結べばいいのね。

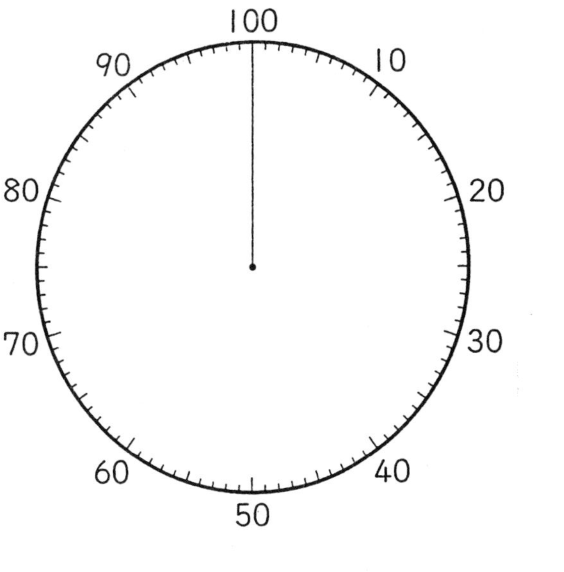

中国地方の県の面積

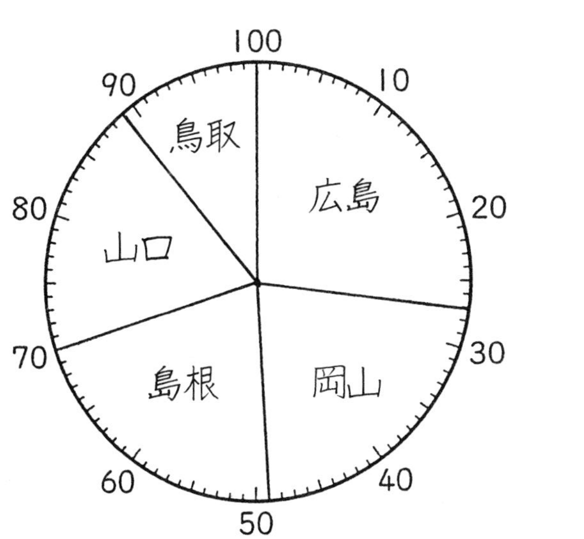

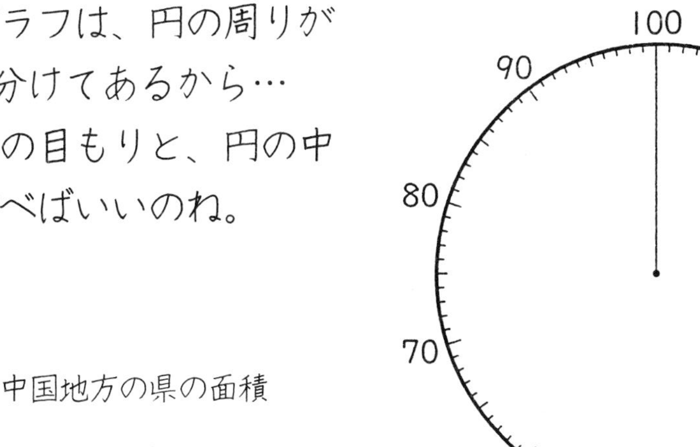

広い順に右まわりにかいていきます。

円グラフのかき方がわかったから「四国地方の県の面積」をかいてみよう。

四国地方の県の面積

県　名	面積(百 km²)	割　合	百分率(%)
高知	71	0.38	38
愛媛	57	0.3	30
徳島	41	0.22	22
香川	19	0.1	10
合計	188	1	100

表を見て円グラフをかきましょう。

四国地方の県の面積

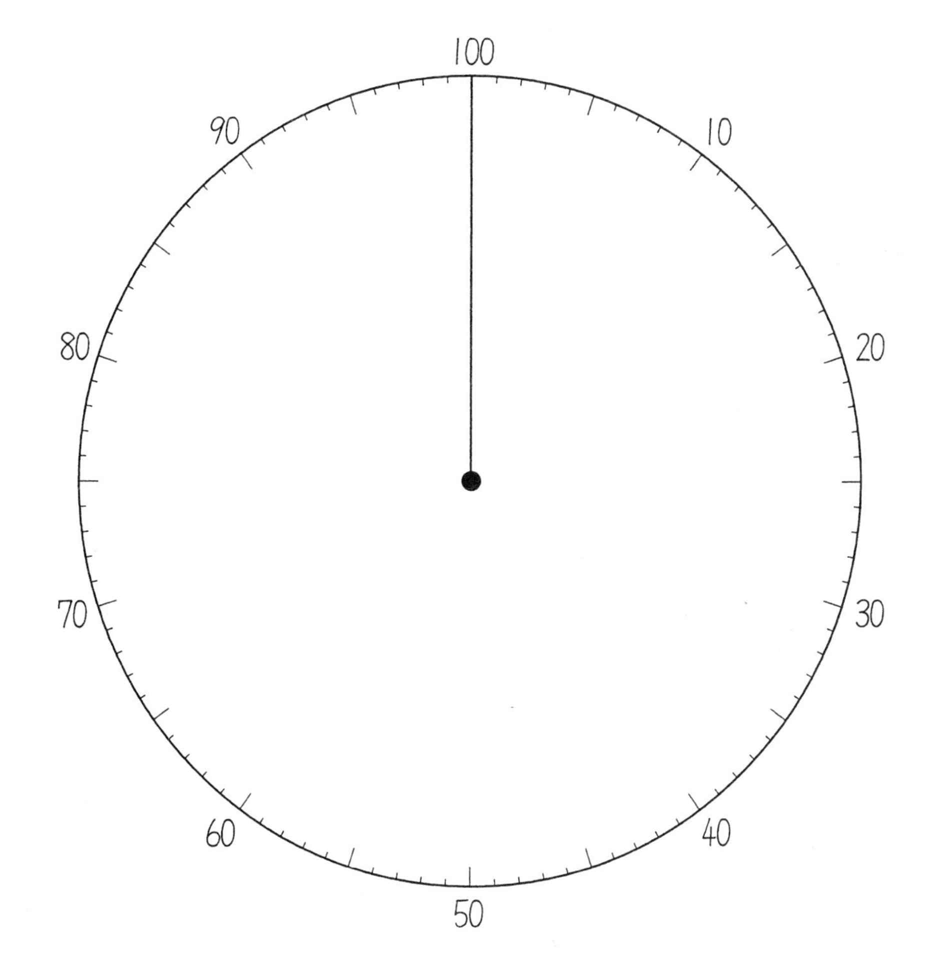

3 割合とグラフ　円グラフ ①

名前

1．高木さんは、駅前の道路を通った乗り物200台について、下のようにまとめました。割合と百分率を求め、円グラフをかきましょう。

駅前の道路を通った乗り物200台

乗り物	台数（台）	割　合	百分率（%）
乗用車	86		
バイク	44		
トラック	28		
自転車	24		
バス	8		
その他	10		
計	200	1	100

駅前道路を通った乗り物200台

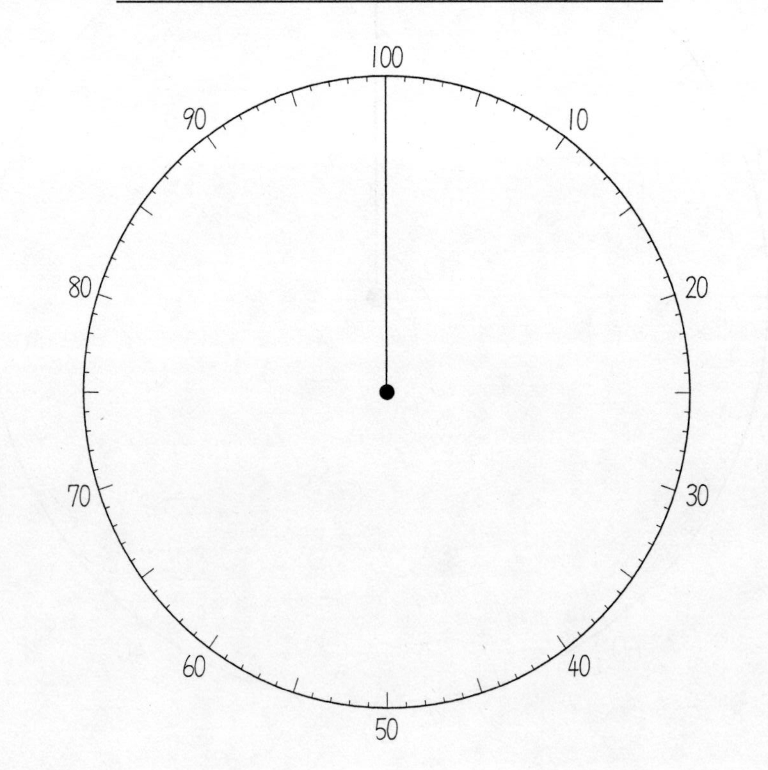

2．東北地方の県別の世帯数を百分率にして、円グラフにしましょう。

東北地方の県別世帯数　(2003年)

県名	世帯数（万）	割　合	百分率（%）
宮城	85	0.25	
福島	71	0.21	
青森	55	0.16	
岩手	49	0.14	
秋田	41	0.12	
山形	39	0.11	
計	340	0.99	

※四捨五入したため合計が100%にならないときは、一番大きいものに1%増やしてグラフにかきます。

東北地方の県別世帯数（2003年）

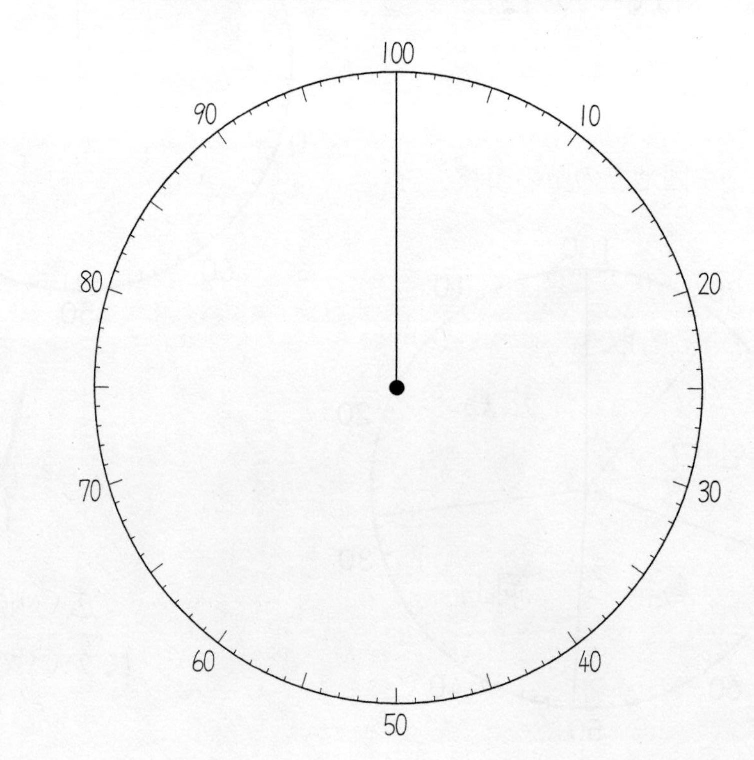

4 割合とグラフ　円グラフ ②

名前

1．下の帯グラフを円グラフにしましょう。

みかんの主生産県・上位5県（2001年）

みかん 128.2万t	愛媛	和歌山	静岡	熊本	佐賀	その他
	16%	15	12	8	8	41

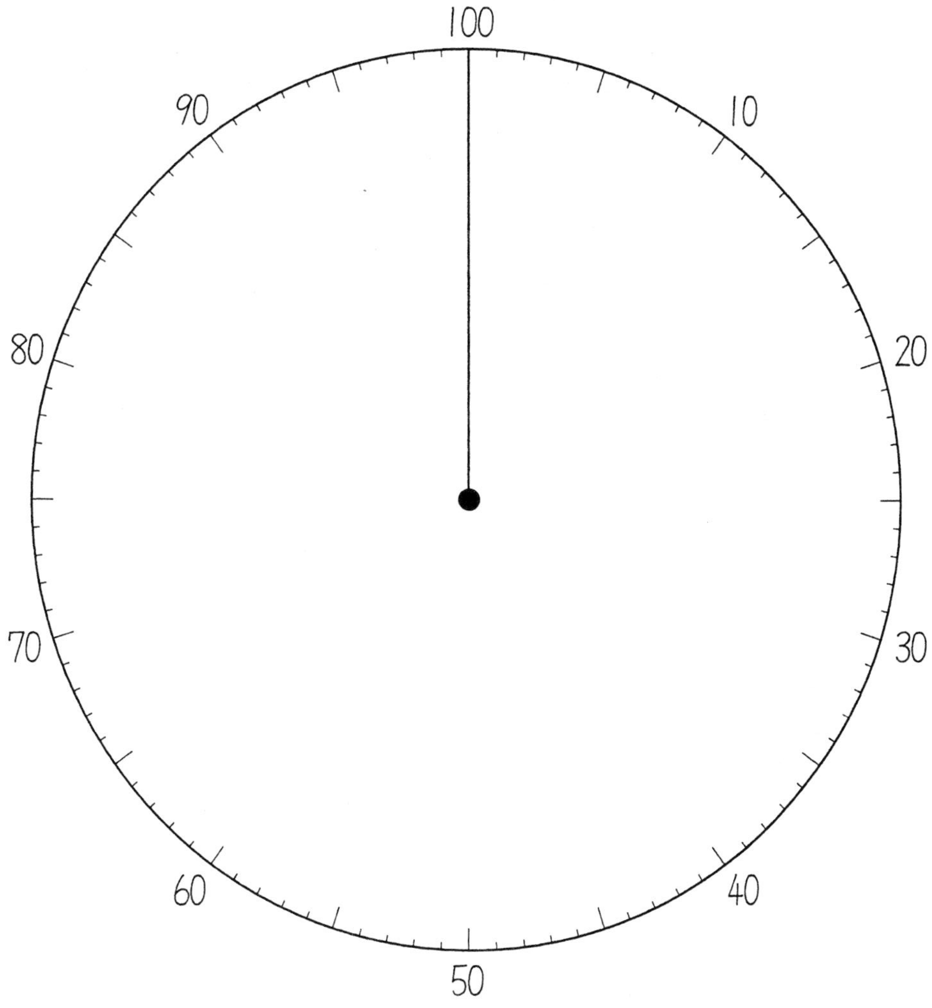

100　10　20　30　40　50　60　70　80　90

2．下の帯グラフを円グラフにしましょう。

かきの主生産県・上位5県（2001年）

かき 28.2万t	和歌山	奈良	福岡	岐阜	新潟	その他
	21%	10	10	7	6	46

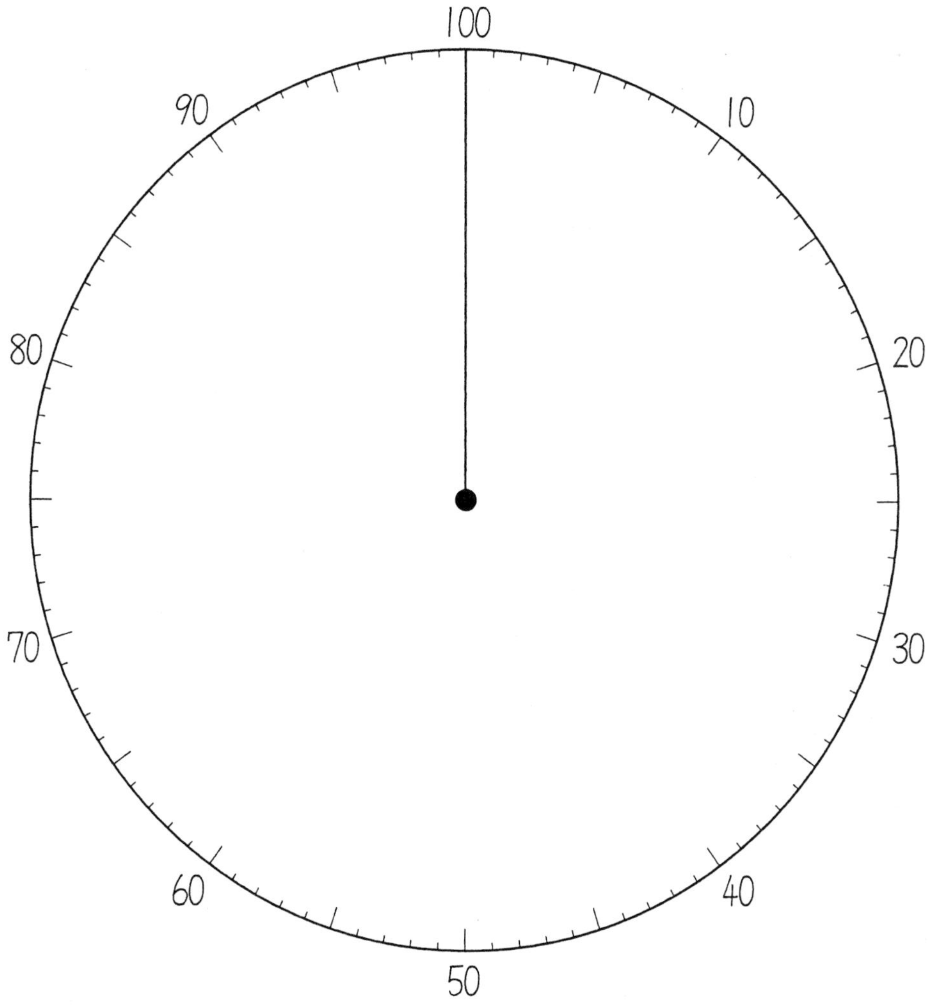

100　10　20　30　40　50　60　70　80　90

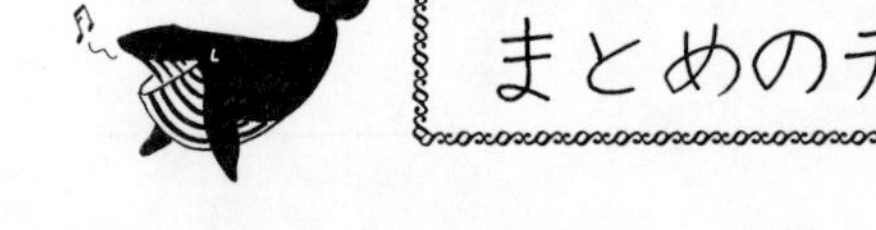

まとめのテスト　割合とグラフ ①

名前 ＿＿＿＿＿＿＿＿

1．次のグラフをみて答えなさい。(5×5)

図書室の本の種類

絵本｜事典・図かん｜科学｜物語｜歴史｜伝記｜その他

0　10　20　30　40　50　60　70　80　90　100%

・それぞれの本は、全体の何%ですか。

絵　本……＿＿＿＿　事典・図かん…＿＿＿＿

科　学……＿＿＿＿　物　語…………＿＿＿＿

伝　記……＿＿＿＿

2．次のグラフをみて答えなさい。(5×5)

将来の夢

野球選手／サッカー選手／先生／お店／歌手／飛行士／その他

・それぞれの夢は、全体の何%ですか。

野球選手………＿＿＿＿

サッカー選手…＿＿＿＿

先　生…………＿＿＿＿

歌　手…………＿＿＿＿

飛行士…………＿＿＿＿

3．次の表は、東小学校児童の「好きなスポーツ」を調べたものです。

① 百分率を求めなさい。(5×6)

［好きなスポーツ］

スポーツ名	人数（人）	百分率（%）
サッカー	81	
野球	66	
バスケット	42	
テニス	33	11
バレーボール	24	
ラグビー	9	
その他	45	
合計	300	100

② 帯グラフにしなさい。(10)

［好きなスポーツ］

0　10　20　30　40　50　60　70　80　90　100

③ 円グラフにしなさい。(10)

［好きなスポーツ］

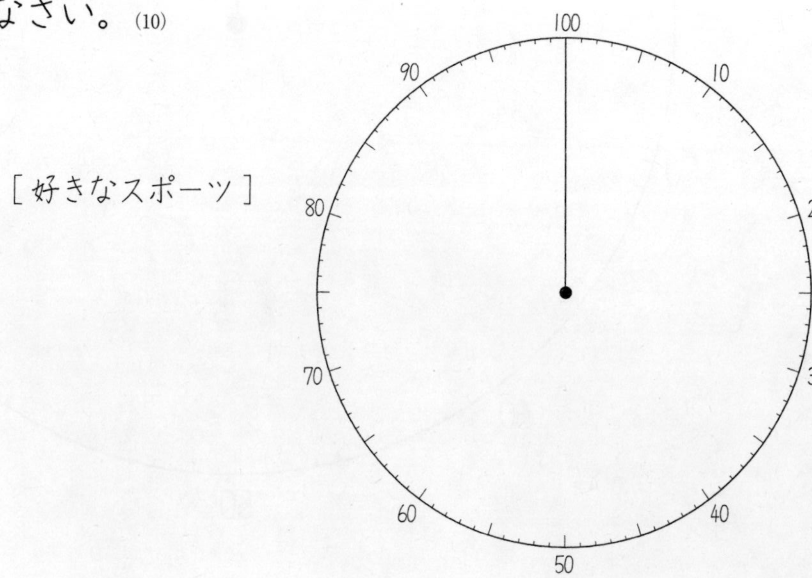

まとめのテスト　割合とグラフ ②

名前

1．次のグラフをみて答えなさい。

誕生日の星座

天びん座 | 水がめ座 | おとめ座 | さそり座 | やぎ座 | ふたご座 | その他

0　10　20　30　40　50　60　70　80　90　100%

① 星座別の百分率を求めなさい。(5×6)

天びん座 ＿＿＿＿　水がめ座 ＿＿＿＿

おとめ座 ＿＿＿＿　さそり座 ＿＿＿＿

やぎ座 ＿＿＿＿　ふたご座 ＿＿＿＿

② 上のグラフは、200人について調べたものです。
次の星座の人数を求めなさい。(5×4)

天びん座 ＿＿＿＿

水がめ座 ＿＿＿＿

おとめ座 ＿＿＿＿

やぎ座 ＿＿＿＿

2．次の表は、子ども150人の「好きな食べ物」を表しています。

① 百分率を求めなさい。(5×6)

[好きな食べ物]

食べ物	人数（人）	百分率（%）
カレーライス	42	
ハンバーグ	36	
スパゲッティー	30	
たこやき	18	
オムライス	9	
その他	15	
合計	150	100

② 帯グラフにしなさい。(10)

[好きな食べ物]

0　10　20　30　40　50　60　70　80　90　100

③ 円グラフにしなさい。(10)

[好きな食べ物]

割　合　割合を求める

下の表は、2005年9月1日の新聞の紙面からのものです。

①の石井選手（西武）の打率は、0.335ですね。この打率は、次の式で求められます。

安打数 ÷ 打数 ＝ 打率

123 ÷ 367 ＝ 0.33514…→0.335

パ・打撃ベスト10（31日現在）

		打率	打数	安打
①石井義	（西）	.335	367	123
②今　江	（ロ）	.331	396	131
③ズレータ	（ソ）	.325	412	134
④宮　地	（ソ）	.319	360	115
⑤和　田	（西）	.317	426	135
⑥城　島	（ソ）	.309	366	113
⑦カブレラ	（ソ）	.307	387	119
⑧松　中	（ソ）	.303	413	125
⑨平　野	（オ）	.2952	376	111
⑩カブレラ	（西）	.2948	407	120

（西）西武
（ロ）ロッテ
（ソ）ソフトバンク
（オ）オリックス

⑨と⑩は小数第4位を四捨五入すると、0.295になってしまうので、小数第4位もかいてある。

この打率を表す小数が割合です。

割合は、比べられる量（石井選手なら123安打）が、もとにする量（石井選手なら367打数）のどれだけにあたるか（何倍にあたるか）を表しています。

割合は次の式で求められます。

比べられる量 ÷ もとにする量 ＝ 割合

割合を求める式にあてはめて、②の今江選手と③のズレータ選手の打率を計算してみます。

② 131 ÷ 396 ＝ 0.3308
　　　　　　 ＝ 0.331

③ 134 ÷ 412 ＝ 0.3252
　　　　　　 ＝ 0.325

割合を求める図は、下のように2本の線を使って表すといいでしょう。上の線は、比べられる量ともとにする量を表します。下の線は、割合を表します。

④の宮地選手ならこうなります。

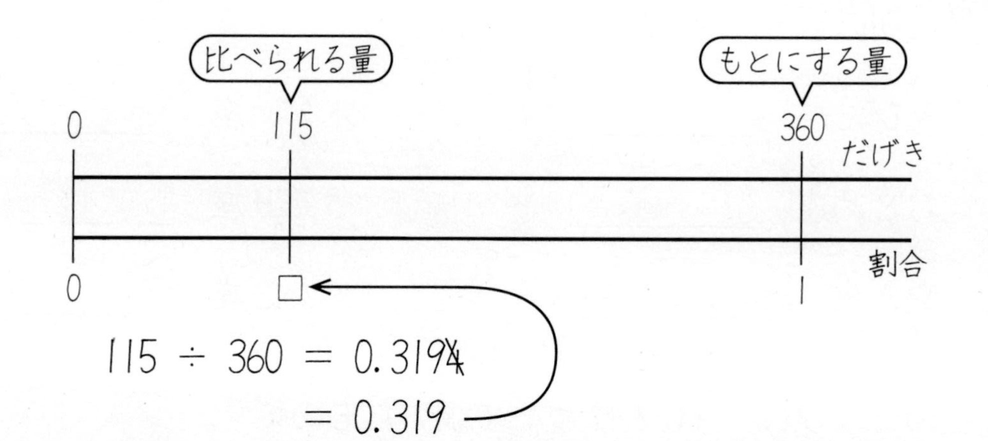

115 ÷ 360 ＝ 0.3194
　　　　　 ＝ 0.319

打数を1とみたとき、安打数は0.319（倍）にあたります。

⑤の和田選手の割合を求める図をかいてみます。

5 割　合①

名前

下の表は、2005年9月1日の新聞の紙面からのものです。
打率を計算で求めていきましょう。小数第4位を四捨五入します。

セ・打撃ベスト10（31日現在）

選手	打率	打数	安打
①青　木（ヤ）	.351	461	162
②金　本（神）	.330	461	152
③井　端（中）	.3260	457	149
④福　留（中）	.3259	408	133
⑤種　田（横）	.320	409	131
⑥前　田（広）	.319	442	141
⑦金　城（横）	.3181	462	147
⑧多　村（横）	.3180	327	104
⑨新　井（広）	.315	425	134
⑩阿　部（巨）	.314	382	120
	割合（1）	もとにする量	比べられる量

（ヤ）ヤクルト
（神）阪神
（中）中日
（横）横浜
（広）広島
（巨）巨人

③と④は四捨五入すると0.326になり
⑦と⑧は四捨五入すると0.318になってしまう。

1．図をかいてから割合を求めましょう。

①番の選手

0　162　461

0　□　1

162 ÷ 461

◎計算は小数第4位を四捨五入します。

```
       0.3514
461)1620
    1383
     2370
     2305
       650
       461
      1890
      1844
```

2．②番の選手（図をかいてから割合を求めましょう。）

3．⑤番の選手（図をかいてから割合を求めましょう。）

4．⑨番の選手（図をかいてから割合を求めましょう。）

（計　算）

6 割 合 ② 百分率

名前

山形さんは、126m² の畑を２つに分けて、花と野菜を作っています。

花の畑は 36m² で、野菜の畑は 90m² です。

花 36m²	野菜 90m²

この山形さんの畑から、いろいろな割合を求めていきましょう。

次の４つが考えられますね。

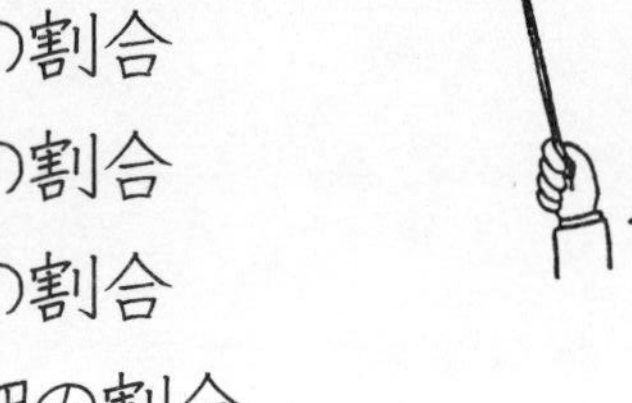

① 野菜畑をもとにした、花畑の割合

② 花畑をもとにした、野菜畑の割合

③ 畑全体をもとにした、花畑の割合

④ 畑全体をもとにした、野菜畑の割合

〔比べられる量÷もとにする量〕の式にあてはめて、それぞれの割合を求めていきましょう。百分率もだしましょう。

（割合の小数を 100 倍すれば%です。）

②をしましょう。

90 ÷ 36 ＝ 2.5 → 250%　　2.5　250%

```
     2.5
36)90
   72
   180
   180
     0
```

図にかくとこうなります。

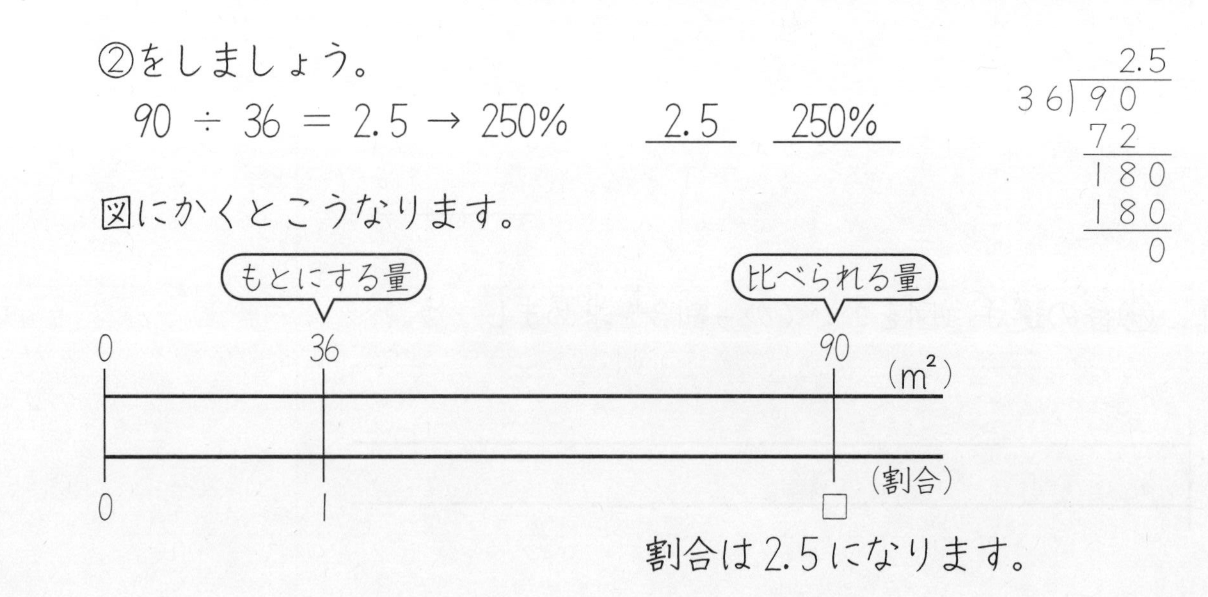

割合は 2.5 になります。

☆ この図は上の線が量を表し、下の線が割合を表しています。
そして、求めるところを□にします。

1．野菜畑をもとにした、花畑の割合を求めましょう。
百分率もだしましょう。

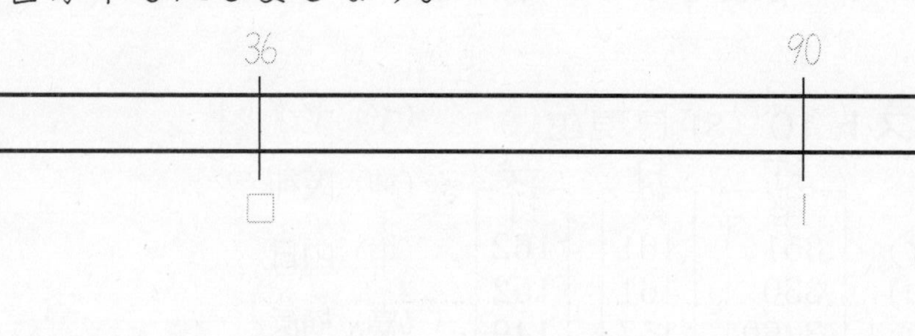

2．畑全体をもとにした、花畑の割合を求めましょう。
百分率もだしましょう。（小数第３位を四捨五入）

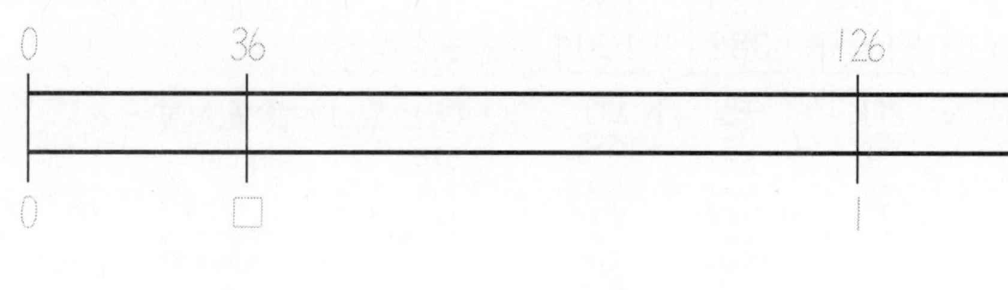

3．畑全体に対する（をもとにしたと同じ）野菜畑の割合を求めましょう。百分率もだしましょう。

（小数第３位を四捨五入）

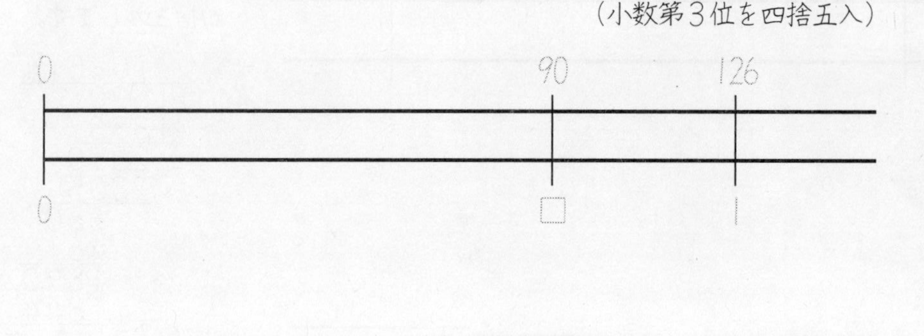

（計 算）

7 割　合 ③　百分率

名前

図をかいてから割合を求め、百分率もだしましょう。

（わり切れない計算は、小数第３位を四捨五入）

1．一年間にA球場では 105 試合が、B球場では 125 試合が予定されています。

B球場の試合数に対するA球場の試合数は、

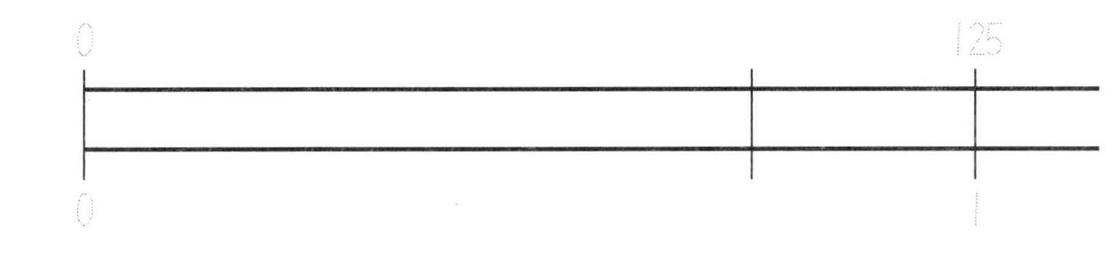

2．姉は、420 円のコンパスと 630 円のはさみを買って 1050 円はらいました。

① はさみの代金に対するコンパスの代金は、

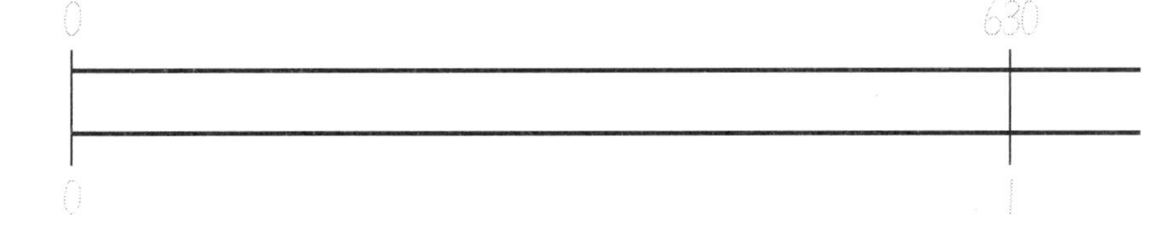

② 合計の代金に対するはさみの代金は、

（計　算）

3．2400 m のジョギングコースの 1800 m 地点を通過しました。通過地点は全体のどれだけにあたりますか。

4．姉の体重は 36 kg で、父は 68 kg です。

姉の体重は父の体重のどれだけにあたりますか。

5．大きい池は 960 m^2 で、小さい池は 680 m^2 あります。

小さい池は、大きい池のどれだけにあたりますか。

（計　算）

8 割 合 ④ 百分率

名前

定員75人の定期バスの西行きと東行きのこみぐあいを調べました。乗車率を求めましょう。(百分率でだしましょう。)

	乗客数(人)	定 員(人)
東 行	60	75
西 行	90	75

線分図でかくと

東行

比べられる量　もとにする量

0　60　75 (人)

0　□　1 (割合)

→

表にすると

もとにする量	比べられる量
75	60
1	□ 割合

(**割合十字**といいます。)

60 ÷ 75 = 0.8　　80%

西行

0　Ⓜ︎75　Ⓚ90 (人)

0　1　□ Ⓦ

Ⓜ︎ 75	Ⓚ 90
1	□ Ⓦ

(**割合十字**)

90 ÷ 75 = 1.2　　120%

※ 比べられる量…Ⓚ　もとにする量…Ⓜ︎　割合…Ⓦ

1. A、B両会場のこみぐあいを調べました。

	入場者(人)	定 員(人)
A会場	104	80
B会場	114	95

① A会場のこみぐあいを求めましょう。(百分率で求める。)

Ⓜ︎	Ⓚ
1	Ⓦ

→

80	104
1	□

② B会場のこみぐあいを求めましょう。(百分率で求める。)

2. 2000年の世界の人口は約61億人でした。2050年には約93億人になると予想されています。2050年の人口は、2000年の約何%になっているでしょうか。(小数第3位を四捨五入する。)

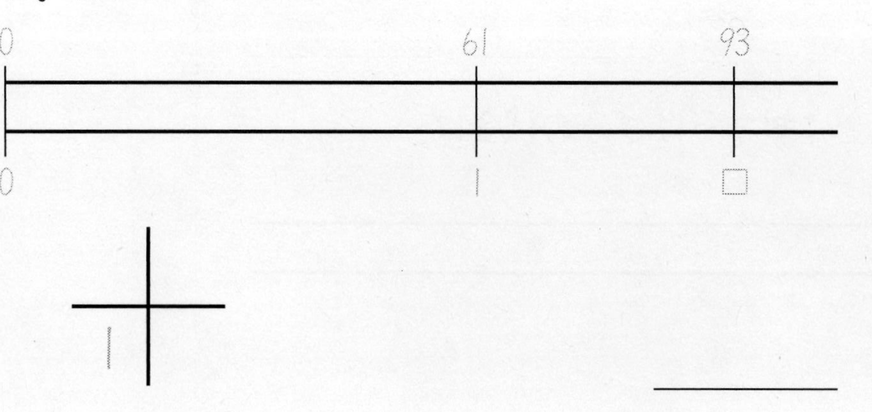

(計 算)

9 割　合⑤　百分率

名前

1．Ⓐ、Ⓑ2種類の食塩水をつくりました。それぞれの食塩水のこさを百分率で求めましょう。

	食　塩 (g)	水 (g)	食塩水 (g)
Ⓐ	30	220	
Ⓑ	21	129	

食塩水のこさは、(食塩)÷(食塩水)で求めます。

(計　算)

Ⓐ

Ⓑ

2．2002年の世界の人口は約62億人です。1990年には約53億人です。1990年の人口は、2002年の人口の約何%でしょうか。(小数第3位を四捨五入する。)

3．つばきのさし木をしました。さし木をした750本のうち15本はかれてしまいました。さし木が成功したのは何%でしょうか。

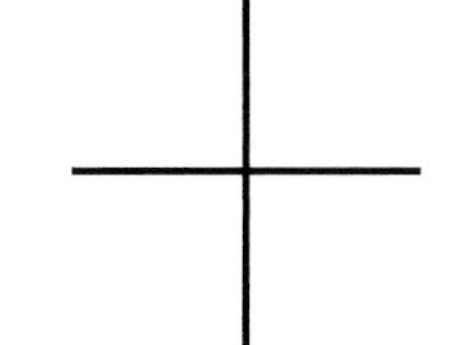

4．畑で黒豆をつくりました。去年より14kg多くとれて280kgでした。去年のとれ高は、今年の何%でしたか。

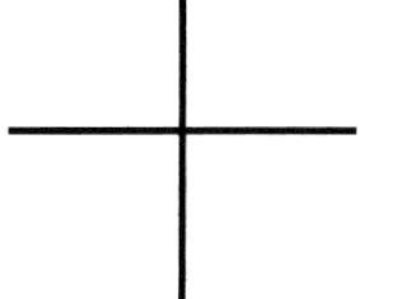

5．北海道の米のとれ高は1990年には79千トンでしたが、2002年には21千トンだけへりました。2002年のとれ高は、1990年の何%でしょうか。

(小数第3位を四捨五入する。)

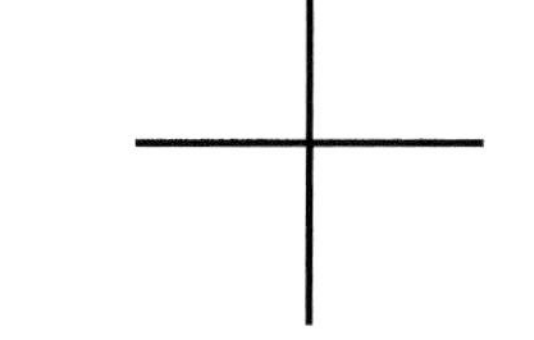

(計　算)

10 割　合⑥　小数・百分率・歩合

名前

180ページの本を135ページまで読むと、読んだ割合は0.75です。

〔135(比べられる量)÷180(もとにする量)＝0.75(割合)〕

全部の180ページを1とみると、135ページは0.75にあたるということです。

百分率は、もとにする量を100とみて表します。

上の0.75は75%となります。

歩合(ぶあい)は、0.1を割(わり)、0.01を分(ぶ)、0.001を厘(りん)で表します。

上の0.75は7割5分となります。

0.75 ＝ 75% ＝ 7割5分

割合は、小数、百分率、歩合などで表します。

打率「.385」(0.385)を下の表にいれると

小　数	1	0.1	0.01	0.001
百分率			%	
歩　合		割	分	厘

小　数	0.	3	8	5
百分率		3	8.	5%
歩　合		3割	8分	5厘

次の割合を百分率と歩合で表しましょう。

〔 1 ＝ 100% ＝ 10割
0.1 ＝ 10% ＝ 1割
0.01 ＝ 1% ＝ 1分 〕

小　数	1	0.1	0.01	0.001
百分率			%	
歩　合		割	分	厘

① 0.1 ＝

② 0.15 ＝

③ 0.5 ＝

④ 0.33 ＝

⑤ 0.72 ＝

⑥ 0.99 ＝

⑦ 1 ＝

⑧ 0.48 ＝

⑨ 0.07 ＝

⑩ 1.52 ＝

11 割合⑦ 歩合

名前

次の割合を求め、歩合で答えましょう。

(例) 12.5gをもとにした8gの割合

$8 \div 12.5 = 0.64$

6割4分

(計算)

$800 \div 12.5 = 0.64$

```
      0.64
12.5)800
     750
      500
      500
        0
```

① 12mをもとにした9mの割合

② 250Lをもとにした155Lの割合

③ 150人をもとにした180人の割合

④ $3.5m^2$をもとにした$8.4m^2$の割合

⑤ 36mの90mに対する割合

$36 \div 90$

⑥ 306Lの450Lに対する割合

⑦ $119m^2$の$350m^2$に対する割合

⑧ 36人に対する27人の割合

$27 \div 36$

⑨ 420kgに対する189kgの割合

(計算)

割　合　比べられる量を求める

割合を求める式を声を出して読んでみましょう。

比べられる量 ÷ もとにする量 ＝ 割合

今日はこの式をもとにして**比べられる量**を求める式を考えます。5mのロープをもとにした10mのロープの割合を求めてください。

10m ÷ 5m ＝ 2　割合は2（倍）です。
百分率なら200%で、歩合なら20割です。

比べられる量を、もとにする量（5m）と割合（2）から求めるのだから、5m×2＝10mとなります。これを言葉の式にすればいいと思います。

そうですね、声を出して読んでみましょう。

もとにする量 × 割合 ＝ 比べられる量

この式を使って「12kmの25%」を求めましょう。

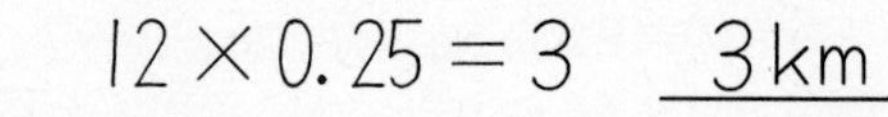

12×0.25＝3　3km

次の問題をやってみます。

☆　中学生125人のうち、56%は運動クラブにはいっています。それは何人ですか。

線分図をかくと、

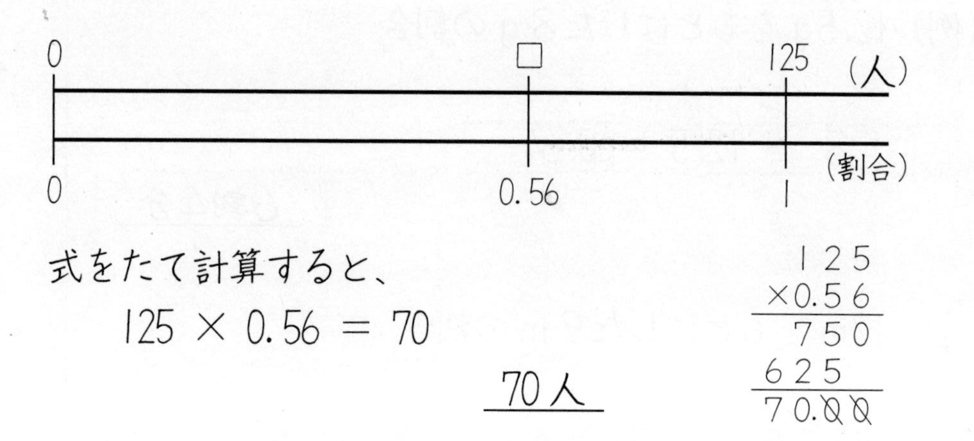

式をたて計算すると、

125 × 0.56 ＝ 70

70人

わたしは、**割合十字**の表を使って、次の問題を解いてみます。

☆　3600円のセーターは、10%の消費税がつくと何円になりますか。

3600	□
1	10%

3600×0.1＝360
3600＋360＝3960

3960円

これは、消費税だけを別に求めてから品物の値段にたしたけれど、消費税をいれて計算することもできます。消費税をいれると110%になります。

3600	□
1	110%

3600×1.1＝3960

3960円

12 割 合 ⑧ 比べられる量を求める

名前

1．定員65人の定期バスに、定員の120%の人が乗っています。このバスに乗っている人は何人ですか。

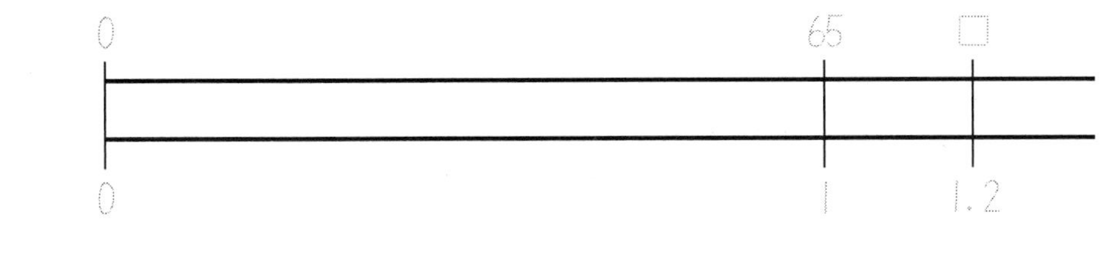

（計 算）

2．1400円で仕入れたシャツに2割5分をうわのせして、定価にしました。定価は何円でしょうか。

（線分図を完成しましょう。）

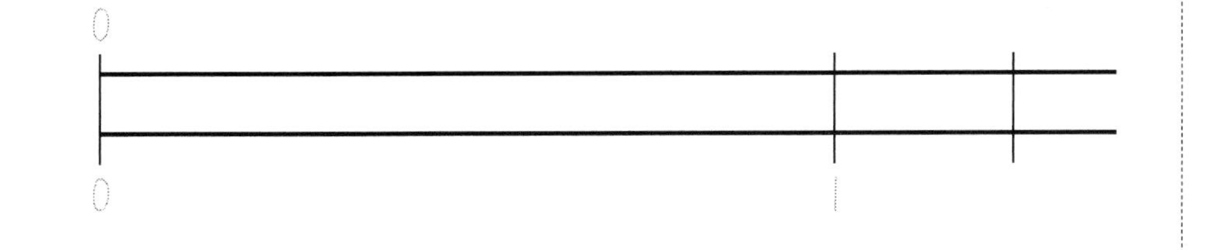

3．定価1800円のぼうしを、定価の25%びきで売ることにしました。何円で売るのでしょうか。

（線分図を完成しましょう。）

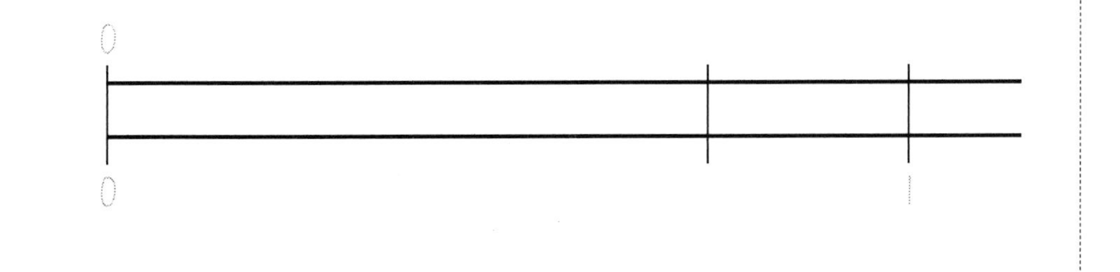

4．定価2400円のセーターを、定価の3割5分びきで2つ買いました。代金はいくらでしょうか。

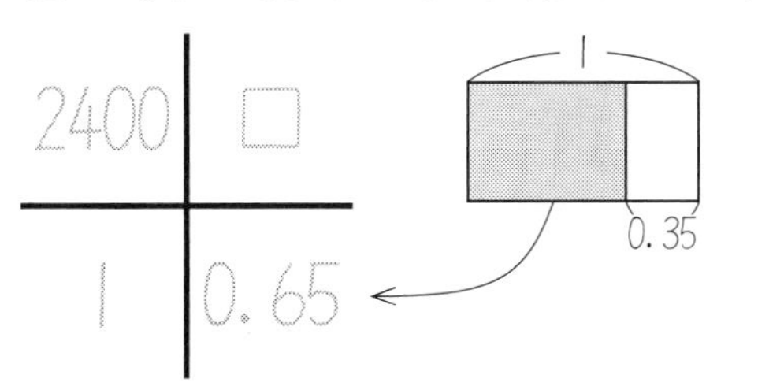

（計 算）

5．2400円の文具セットを、30%びきで売っていました。4セット買って、消費税の10%もはらうと何円でしょうか。（割合十字を完成しましょう。）

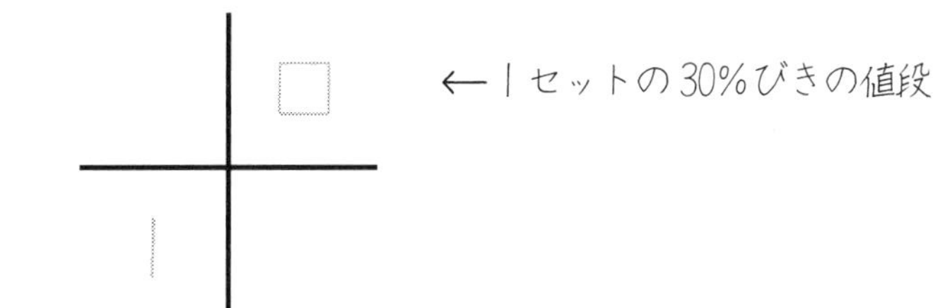

割　合 ⑨　比べられる量を求める

名前

1．東農園での、去年のかきのしゅうかく量は300kgでした。今年は去年の85%です。今年のしゅうかく量を求めましょう。（線分図をかきましょう。）

（計　算）

2．西農園での、去年のなしのしゅうかく量は500kgでした。今年は去年の115%です。それは何kgになるでしょうか。（線分図をかきましょう。）

3．南図書館の昨日の本の貸し出し冊数は420冊でした。今日は昨日より20%ふえました。貸し出した本は何冊でしょうか。（線分図をかきましょう。）

4．1本140円のボールペンを15%びきで売っています。1本何円でしょうか。（割合十字をかきましょう。）

（計　算）

5．縦（たて）240mm、横360mmの長方形の図を、縦も横も125%に拡大します。それぞれ何mmになりますか。（割合十字をかきましょう。）

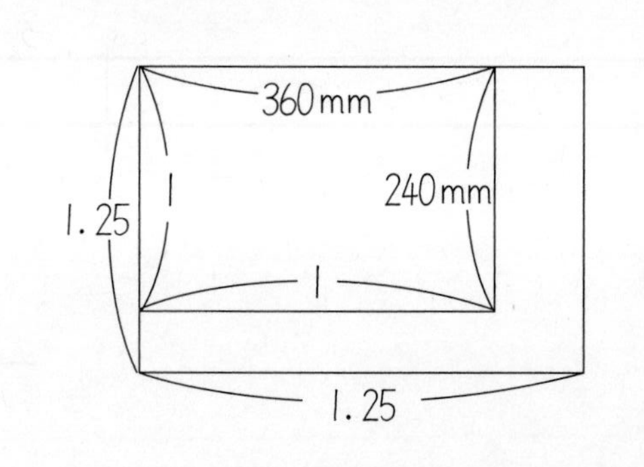

縦　　　　横

14 割　合 ⑩　比べられる量を求める

名前

1．中田選手の打率は、3割2分でした。打数は150です。安打数は何本でしょうか。

（線分図をかきましょう。）

（計　算）

2．全商品25%びきのバーゲンセールで、定価680円のスケッチブックは何円になるでしょうか。

（線分図をかきましょう。）

3．2300万円でマンションを買いました。消費税の10%を加えるといくらになりますか。

（線分図をかきましょう。）

4．祝日の遊園地に、招待された子どもは680人です。そのうちの55%は女子でした。男子は何人でしょうか。（割合十字をかきましょう。）

（計　算）

5．800m² の広場の75%は、しばふ広場です。しばふ広場の24%は、コイの池です。

① しばふ広場は何m² でしょうか。

② コイの池は何m² でしょうか。

（割合十字をかきましょう。）

①

②

割　合　もとにする量を求める

割合を求める式は、**比べられる量÷もとにする量＝割合**でした。この式が基本です。

この式から、**もとにする量×割合＝比べられる量**をみちびきました。

今日は**もとにする量**を求める式を考えます。

まず、12mに対する3mの割合を求めてください。

3m÷12m＝0.25　割合は0.25（倍）です。
百分率でいうと25%です。

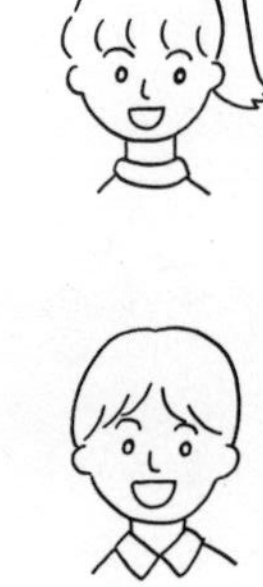

もとにする量を求めるのなら

3 ÷ □ ＝ 0.25の□をみつけます。

3 ÷ 0.25 ＝ 12で、□がわかります。　12mです。

そうですね。しっかり読んで覚えましょう。

比べられる量 ÷ 割合 ＝ もとにする量

割合十字の表でかくとこうなります。

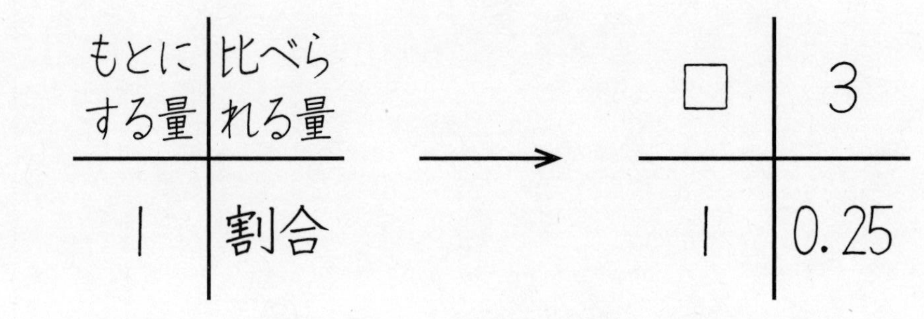

では、割合の問題を3題しましょう。割合十字の表を、まずかいてから式をたてましょう。

□にあてはまる数を求めるのです。

① 35m² は、50m² の□%です。

② 60Lの70%は、□Lです。

③ □gの30%は、24gです。

①はこうかけます。

50	35
1	□

35÷50＝0.7　70%

②はこうなります。

60	□
1	0.7

60×0.7＝42　42L

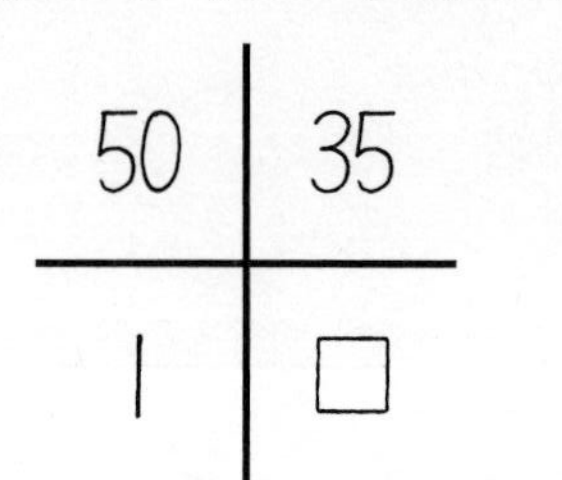

③は、少しむずかしい感じがします。

□	24
1	0.3

24÷0.3＝80　80g

割合十字の表をつくるには、まず、求めているのは何かを考えて、そこを□にします。

□をいれると、残りは2つです。問題文をよく読んで2つの数をかきこみましょう。

表を見て式をたてます。

※　計算はきちんとかいてやりましょう。

15 割　合 ⑪　もとにする量を求める

名前

1．南農園の26%は、しいたけをさいばいしています。その広さは65m²です。農園全体の面積は何m²ですか。(割合十字をかきましょう。)

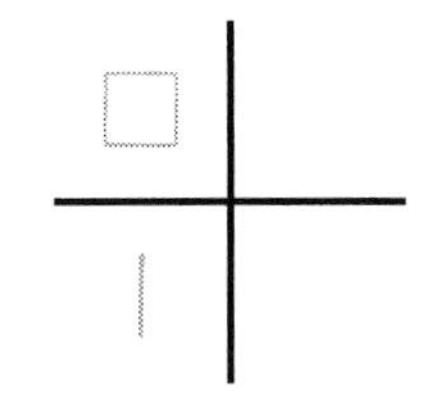

(計　算)

2．コンパスを360円で買いました。これはコンパスの定価の7割5分にあたります。コンパスの定価は何円ですか。

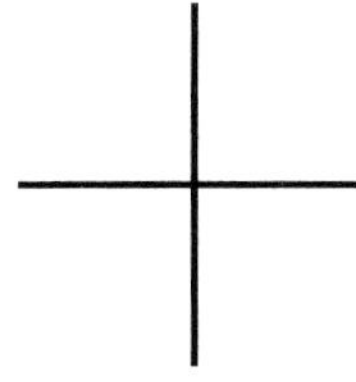

3．山に植樹をしています。昼までに1900本植えました。これは全体の76%にあたります。植樹するのは全部で何本ですか。

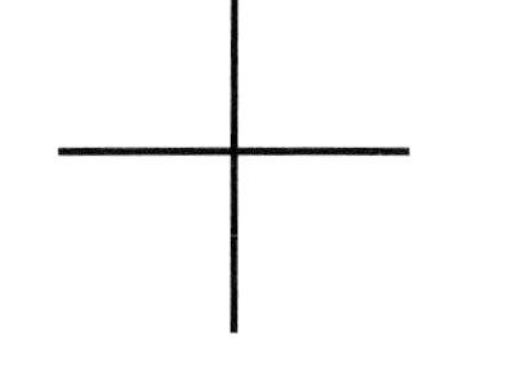

4．岸選手は42本の安打を打ちました。これは打席数の3割5分にあたります。打数はいくつですか。

(割合十字をかきましょう。)

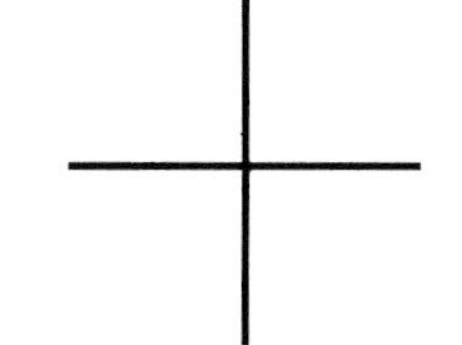

(計　算)

5．1か月で集めた空かんのうち、25%はアルミかんで170個です。集めた空かんは全部で何個ですか。

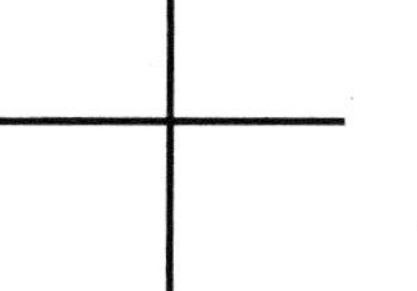

6．国際見本市に来場した中国人は266人で、これは来場した外国人の28%でした。外国人全体は何人ですか。

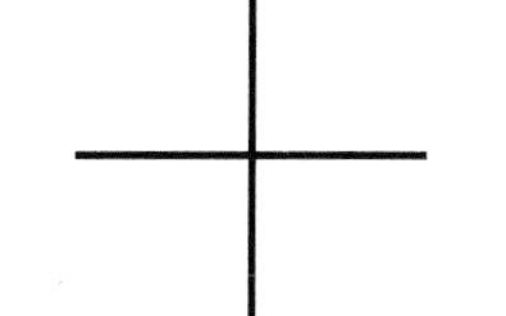

割　合 ⑫　もとにする量を求める

名前

1．絵の具セットは、1470円でした。この値段は去年の値段の105%にあたります。去年はいくらでしたか。（割合十字をかきましょう。）

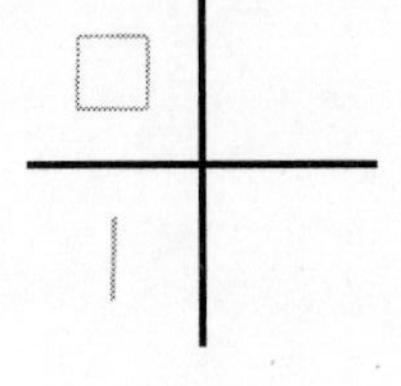

（計　算）

2．公園の花だんを今の120%にすると、2880m² になります。今の花だんは何m² ですか。

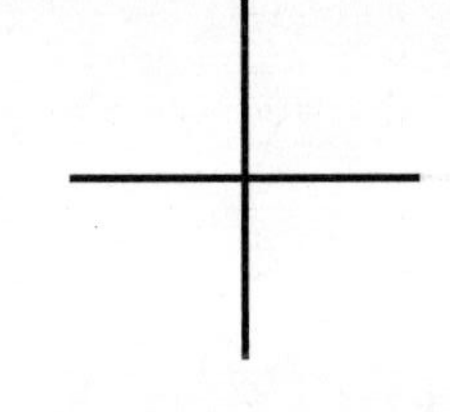

3．ライブコンサートの申しこみは定員の160%で、4160人でした。定員は何人ですか。

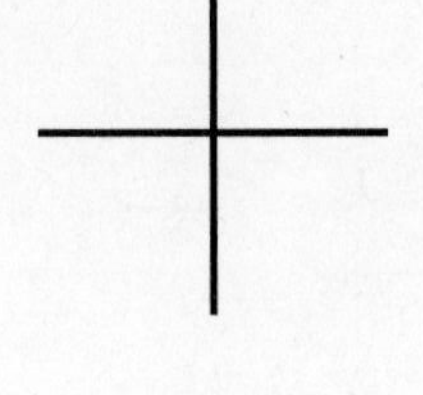

4．原町の65才以上の人数は1656人で、町の人口の16%にあたります。原町の人口は何人ですか。

（割合十字をかきましょう。）

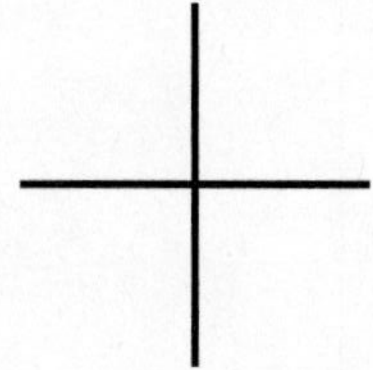

（計　算）

5．理科事典の値段は2800円で、国語辞典の値段の160%にあたります。国語辞典は何円ですか。

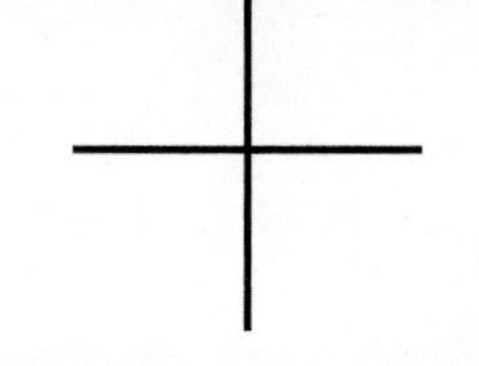

6．ハイキングコースの78%は山道で、6630m あります。ハイキングコース全体は何m ですか。

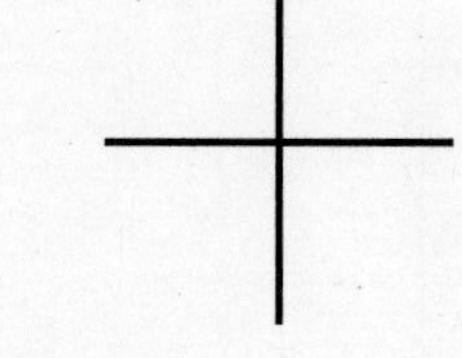

17 割　合 ⑬　もとにする量を求める

名前

1．手ぶくろを定価の２割６分びきで、1850円で買いました。定価は何円ですか。（割合十字をかきましょう。）

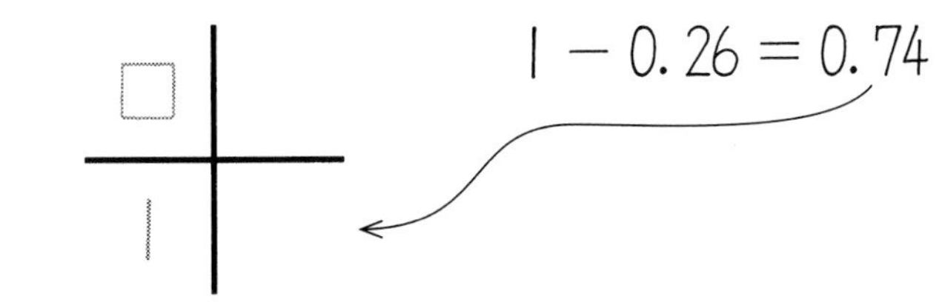

$1-0.26=0.74$

（計　算）

2．図書室で本を借りた人を調べたら、今週は225人でした。これは、先週の25％増しです。先週は何人でしたか。

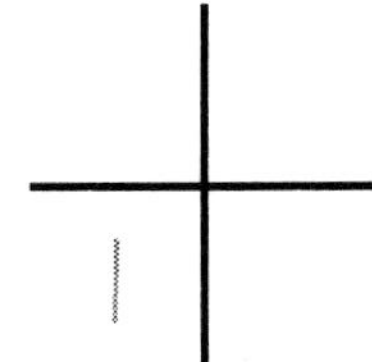

3．北中学の生徒の65％は虫歯があります。虫歯のない生徒は91人でした。虫歯のある生徒は何人ですか。

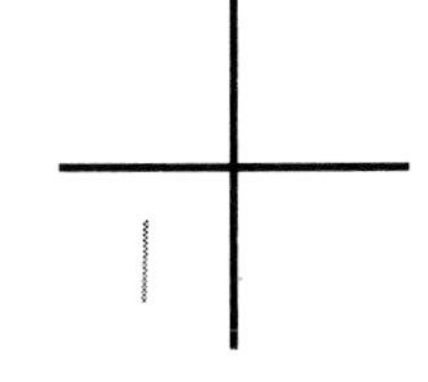

4．マンションを消費税の10％をふくめて、2970万円で買いました。消費税を除く値段は何円ですか。

（割合十字をかきましょう。）

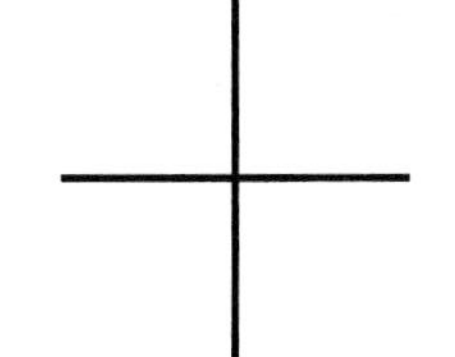

（計　算）

5．東海岸に今年やってきた海がめは、去年より35％多い513びきでした。去年は何びきでしたか。

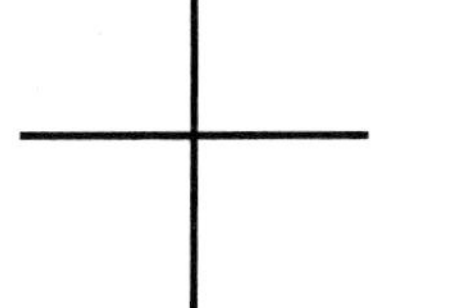

6．定価の４割２分びきで、75400円のカメラがあります。このカメラの定価はいくらですか。

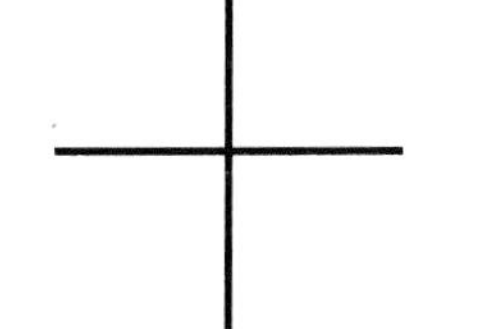

割 合 ⑭ いろいろな問題

名前

1. ピーマン畑は 357m² で、トマト畑は 420m² です。ピーマン畑は、トマト畑の何%ですか。

(割合十字をかきましょう。)

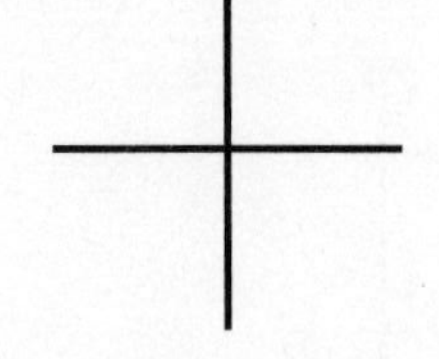

2. 840m² の畑があります。畑の 45%は大根の畑です。大根の畑は何 m² ですか。

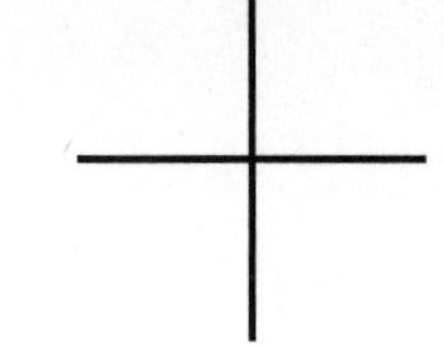

3. 畑全体の 36%は、だいず畑で、その広さは 270m² です。畑全体は何 m² ですか。

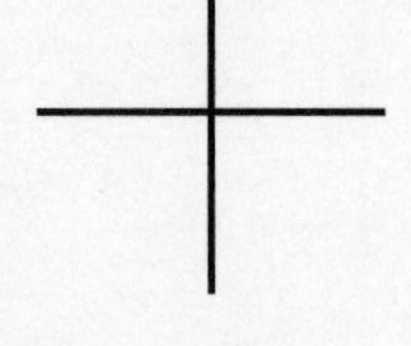

(計 算)

4. 林選手は安打を 135 本打ちました。森選手は、林選手の 1.2 倍打ちました。森選手は何本安打を打ちましたか。(割合十字をかきましょう。)

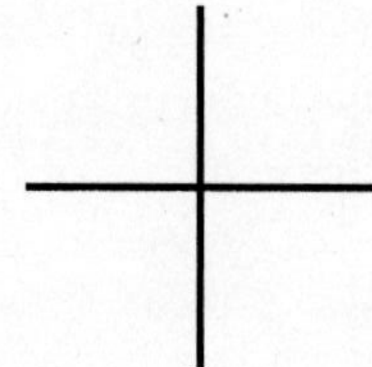

5. 星選手の打率は、3割5分で、安打数は 84 本でした。星選手の打数はいくつですか。

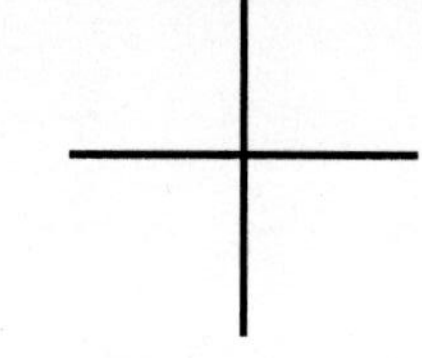

6. 岸選手は、120 打数で、54 安打しました。岸選手の打率を歩合で求めなさい。

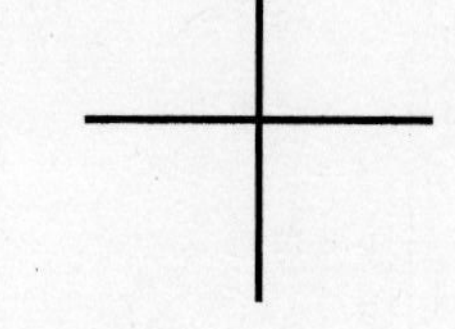

(計 算)

19 割　合 ⑮　いろいろな問題

名前＿＿＿＿＿＿＿＿

1．黒豆を160個まいたところ、152個が発芽しました。発芽したのは全体の何％ですか。

（割合十字をかきましょう。）

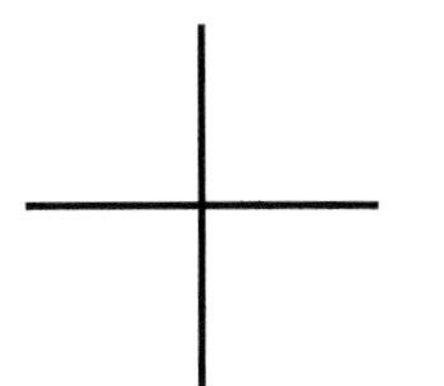

（計　算）

＿＿＿＿

2．電車ですわっている人が48人、立っている人が60人です。すわっている人に対する立っている人の割合を求めなさい。

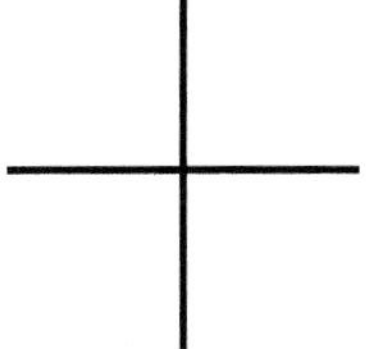

＿＿＿＿

3．7600m^2の広場の64％の草ぬきが終わりました。草ぬきをした広さは何m^2ですか。

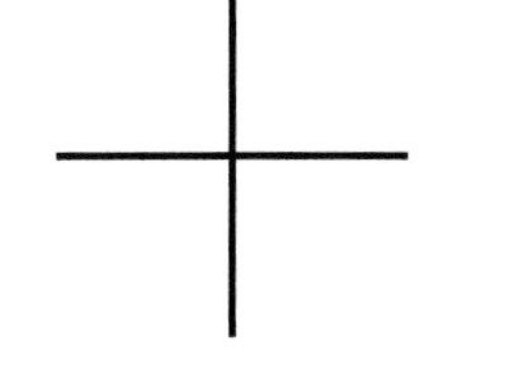

＿＿＿＿

4．父の身長は170cmです。弟の身長は、父の身長の72％です。弟の身長は何cmですか。

（割合十字をかきましょう。）

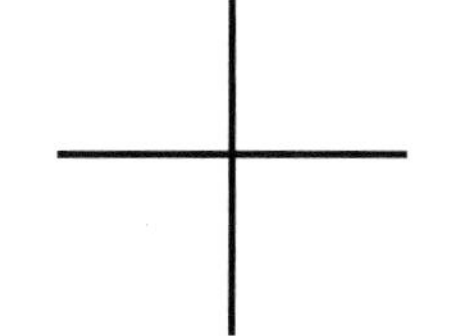

（計　算）

＿＿＿＿

5．姉は8000円持っています。これは、兄のお金の1.6倍です。兄はいくらもっていますか。

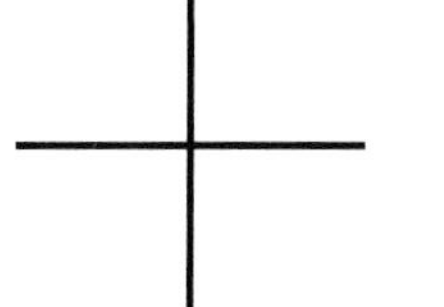

＿＿＿＿

6．今年のじゃがいものとれ高は、去年より12％減り、それは重さにして150kg減です。去年のとれ高は何kgですか。

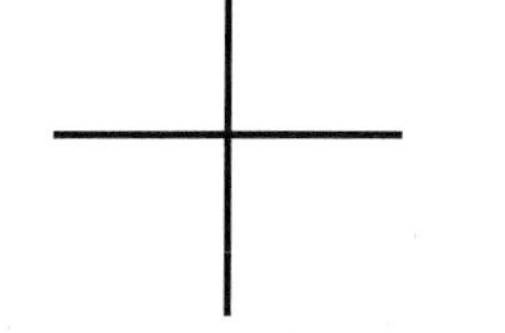

＿＿＿＿

割　合 ⑯　いろいろな問題

名前

1．小さい箱は1400円です。大きい箱は、小さい箱より2割5分高いそうです。大きい箱は何円ですか。

（割合十字をかきましょう。）

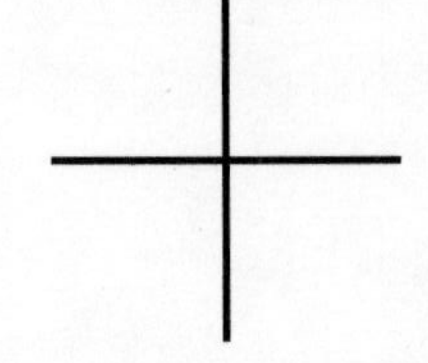

（計　算）

2．妹の手ぶくろの定価は、850円ですが、3割2分びきで買いました。買った値段は何円ですか。

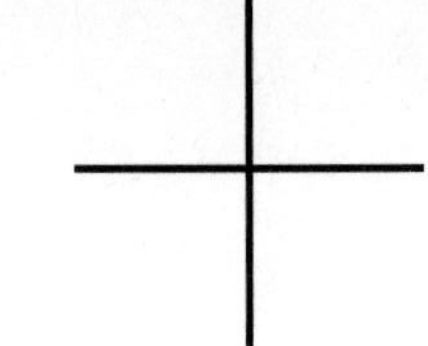

3．北農場のあずきのとれ高は、去年が3200kgで、今年は3648kgです。去年より何％増えましたか。

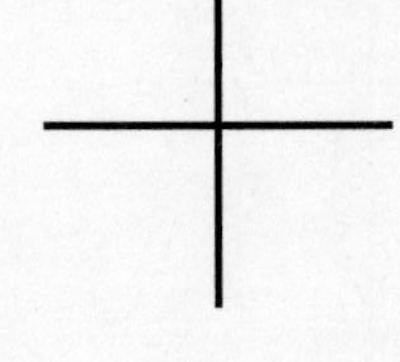

4．4600円のセーターは、消費税をいれると5060円です。消費税は何％ですか。（割合十字をかきましょう。）

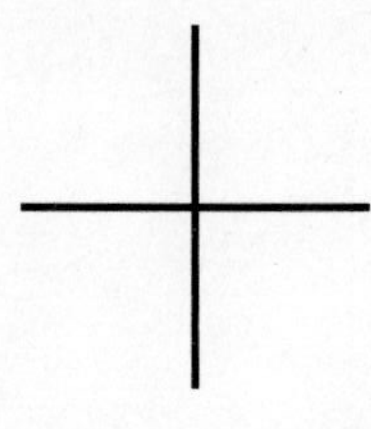

（計　算）

5．映画館に定員の135％が入館しました。定員をこえた人数は、196人です。映画館の定員は何人ですか。

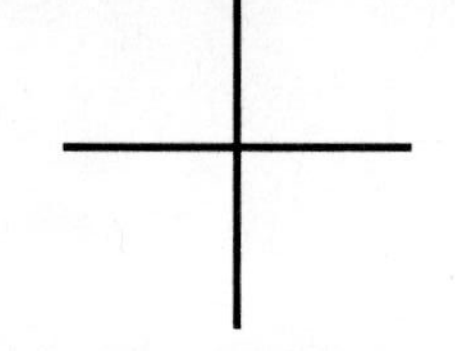

6．ジョギングコースの65％を走った地点に、残り700mとかいてありました。コース全体は何mですか。

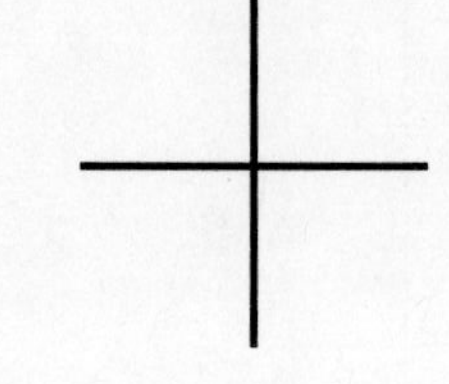

21 割　合 ⑰　いろいろな問題

名前

1．年間試合数が150試合で、102試合で勝利しました。勝率は何%ですか。（割合十字をかきましょう。）

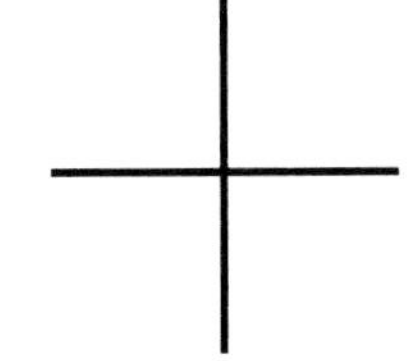

（計　算）

2．人間の体重の65%は水分だそうです。31.2kgの水分がふくまれている人の体重は、何kgですか。

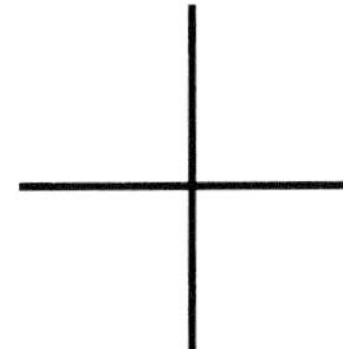

3．3800円のジーパンは、消費税を10%加えると、何円になりますか。

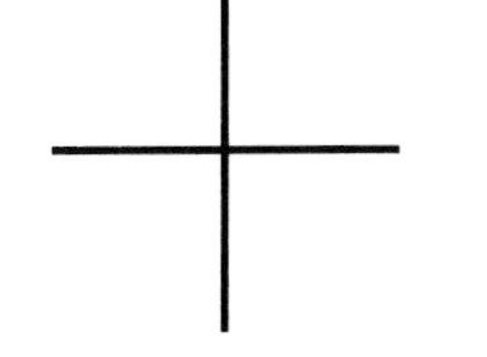

4．250ページの本の64%まで読みました。残りは何ページですか。（割合十字をかきましょう。）

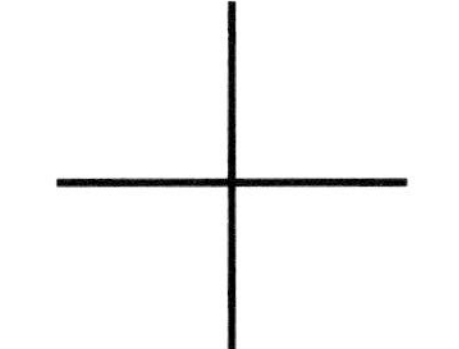

（計　算）

5．コンサートに840人を招待しました。参加したのは798人でした。それは、招待者の何%ですか。

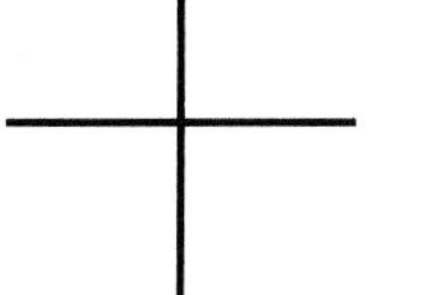

6．りんごの成分のうち86%は水分だそうです。水分が215gのりんごの重さは、何gですか。

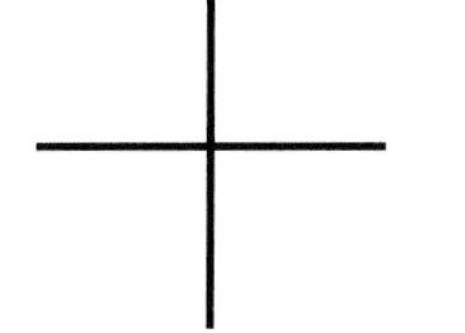

割　合 ⑱　いろいろな問題

名前 ＿＿＿＿＿＿＿＿＿＿

1．水族館の入館料は、子どもは大人料金の55%で、990円です。大人料金は何円ですか。

（割合十字をかきましょう。）

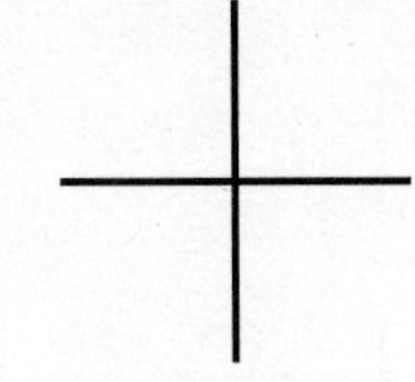

＿＿＿＿＿＿

（計　算）

2．ある品物を買うと、380円の消費税がかかります。消費税を10%とすると、品物の値段は何円ですか。

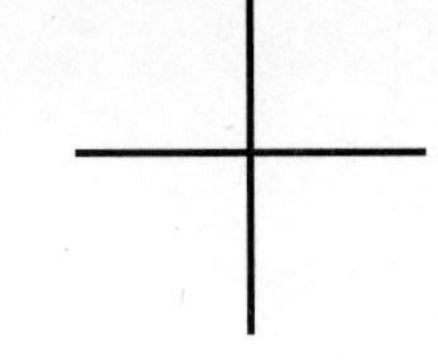

＿＿＿＿＿＿

3．図書室にある本の24%は絵本です。絵本は960冊です。図書室全体の本は何冊ですか。

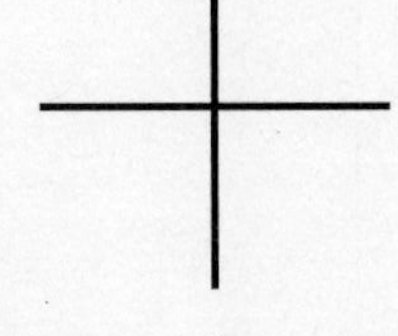

＿＿＿＿＿＿

4．280m² のかべにペンキをぬっています。昼までに45%ぬりました。残りは何m² ですか。

（割合十字をかきましょう。）

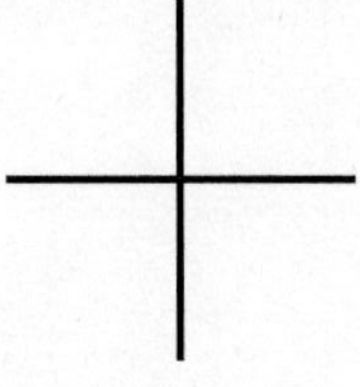

＿＿＿＿＿＿

（計　算）

5．かきを昨日は350個とりました。今日は昨日の1.2倍とりました。今日とったかきは何個ですか。

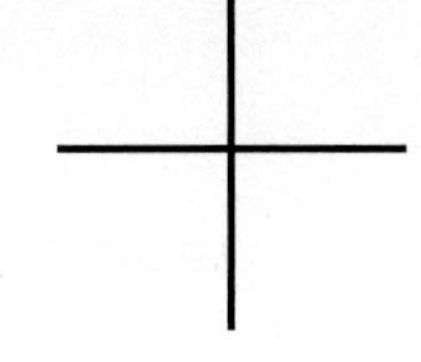

＿＿＿＿＿＿

6．1200円のプラモデルの定価の札に、360円びきとかいてあります。これは、定価の何割びきですか。

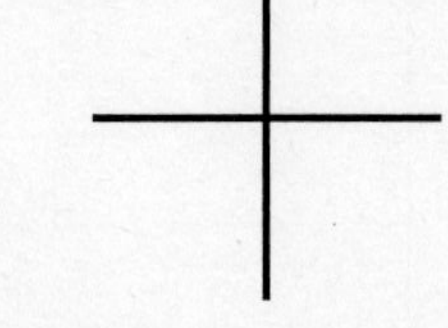

＿＿＿＿＿＿

23 割　合 ⑲　いろいろな問題

名前

1．広さ 4800 m² の土地の 65% は畑です。畑以外の土地は何 m² でしょう。(割合十字をかきましょう。)

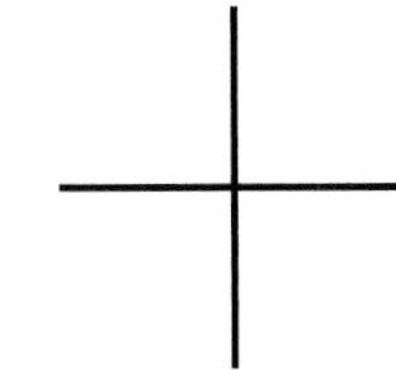

（計　算）

2．折りづるを 198 個つくりました。これは予定数の 55% です。全部折ると何個になるでしょう。

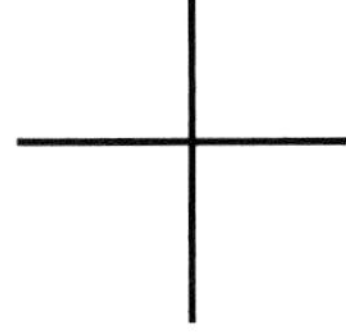

3．定員 320 人の会場に、576 人が入場しました。それは定員の何% でしょう。

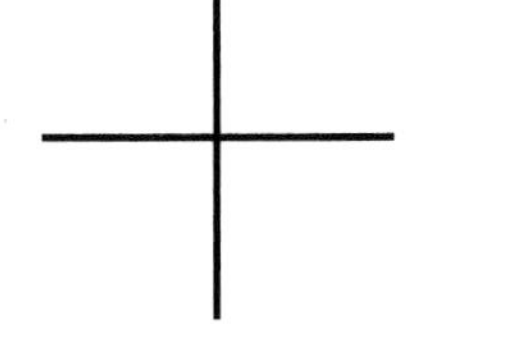

4．東高校の野球部員は 48 人で、男子生徒の 16% です。男子生徒は全員で何人でしょう。(割合十字をかきましょう。)

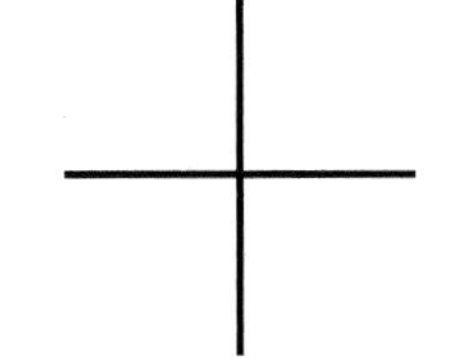

（計　算）

5．400 m² の広場のうち、140 m² にしばを植えました。残りの広さは全体の何% でしょう。

6．定価 3500 円のセーターがあります。定価の 28% はもうけです。もうけは何円でしょう。

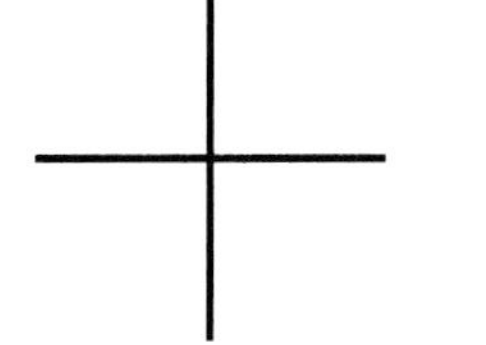

24 割　合 ⑳　いろいろな問題

名前

1．400円の運賃が15%値上げされると、何円になりますか。(割合十字をかきましょう。)

（計　算）

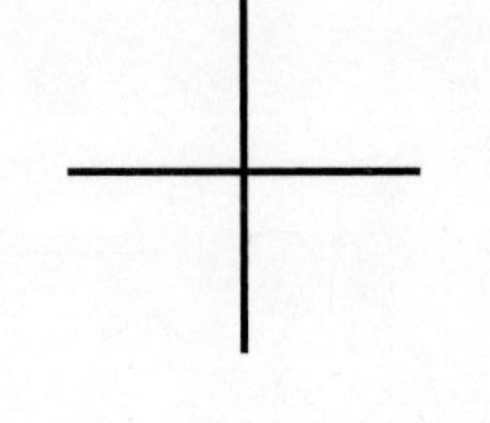

2．赤玉と白玉と合わせて450個あります。そのうちの58%は白玉です。赤玉は何個ですか。

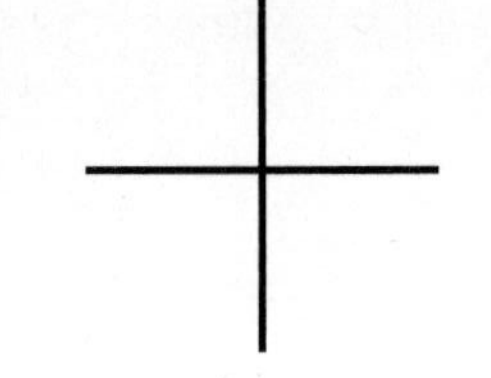

3．キャベツ畑は畑全体の65%で260m^2です。畑全体は何m^2ですか。

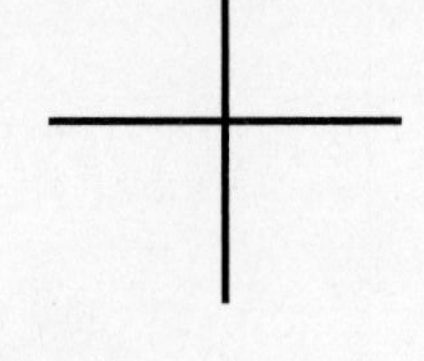

4．海外ツアーの申しこみは88%になりました。定員まであと72人です。定員は何人ですか。

(割合十字をかきましょう。)

（計　算）

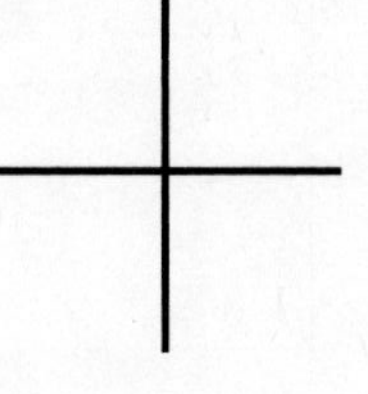

5．1か月の収入は36万円です。食費は12.6万円です。食費は収入の何割何分ですか。

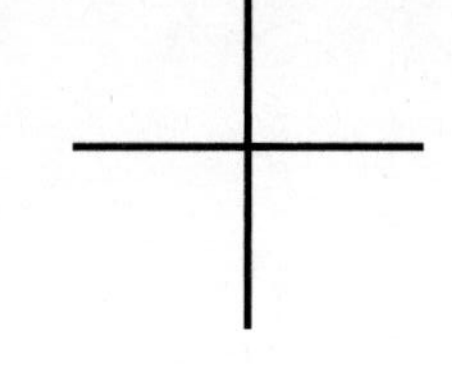

6．定員1100人の列車に、1815人が乗車しています。こみぐあいは何%ですか。

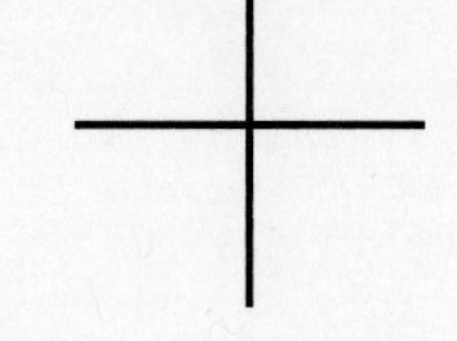

25 割　合 ㉑　いろいろな問題

名前

1．先月の水道料金は3800円でした。今月は4750円です。今月は先月の何%ですか。（割合十字をかきましょう。）

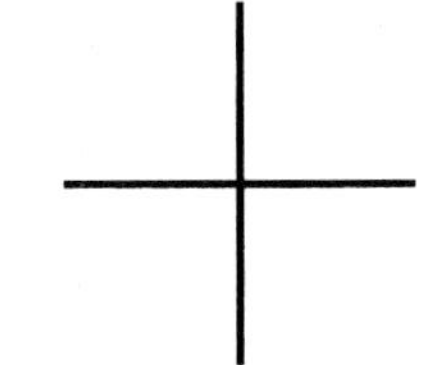

（計　算）

2．定員1280人の列車に、定員の130%の人を乗せています。乗客は何人ですか。

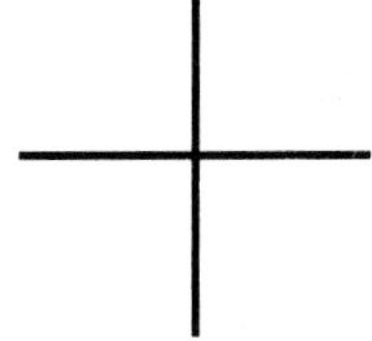

3．かばんは14%びきで2150円でした。定価はいくらでしたか。

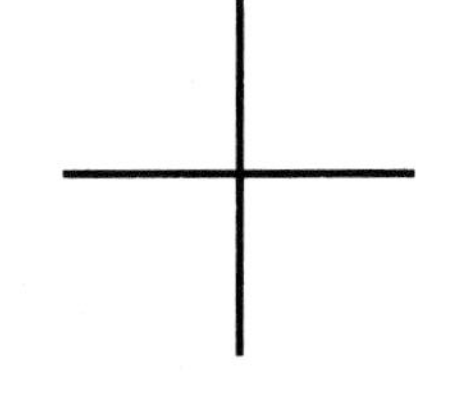

4．1600円の服を15%びきで買いました。服はいくらでしたか。（割合十字をかきましょう。）

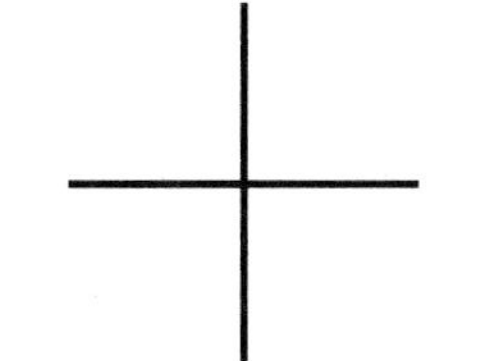

（計　算）

5．島選手の安打数は57本で、打率は3割8分です。打数はいくつですか。

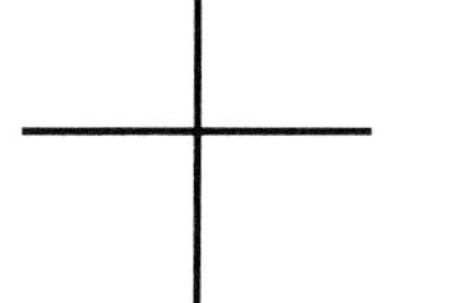

6．800mLあったサラダ油が、180mL残っています。使ったのは何%ですか。

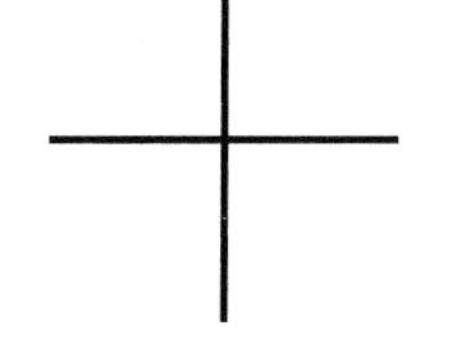

割合㉒ いろいろな問題

名前

（計算）

1. ① 北公園の中のバラ園は1050m² あります。バラ園の中の通路は84m² です。通路はバラ園の何%でしょうか。（割合十字をかきましょう。）

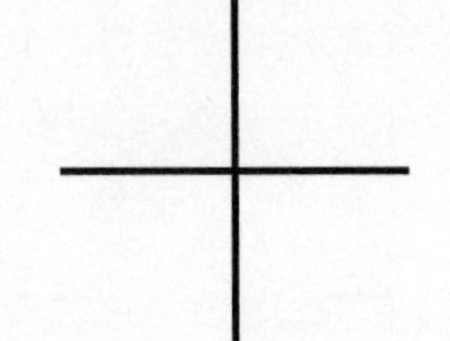

＿＿＿＿

② 北公園全体の広さは3500m² です。そのうちバラ園は1050m² です。バラ園は公園全体の何%でしょうか。

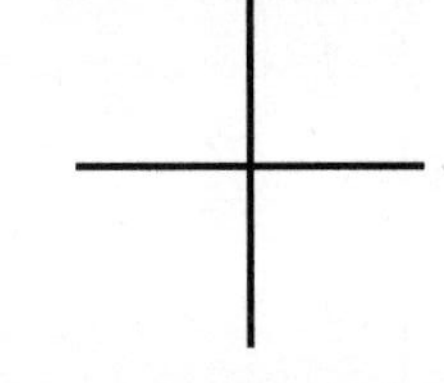

＿＿＿＿

2. ① 島さんの家の月収は36万円です。その35%は食費です。食費は何円でしょうか。

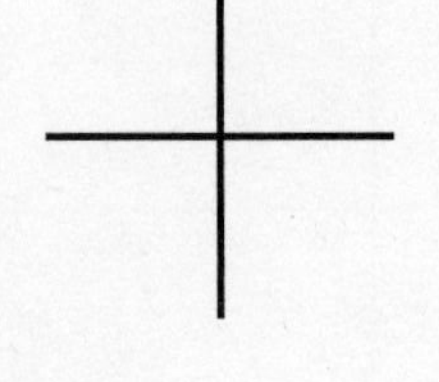

＿＿＿＿

② 島さんの家の食費の25%は米代です。米代は何円でしょうか。

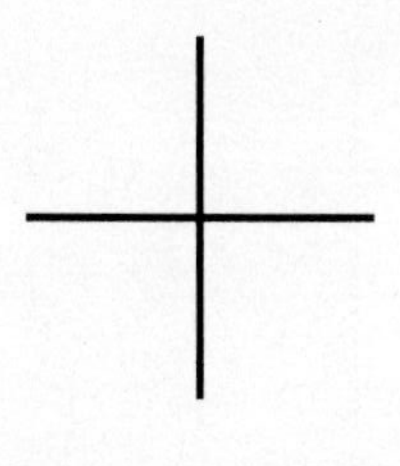

＿＿＿＿

3. 赤い車の値段は78万円です。これは青い車の1.2倍の値段です。青い車の値段は何万円でしょうか。

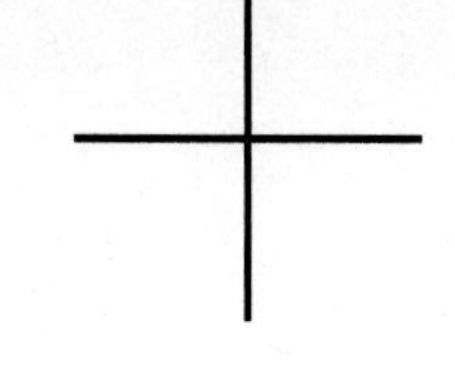

＿＿＿＿

4. 駅前タワーの高さは78mです。これは中央タワーの高さの65%です。中央タワーの高さは何mでしょうか。

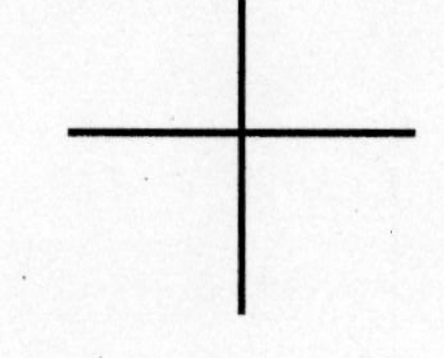

＿＿＿＿

（計算）

27 割 合 ㉓ いろいろな問題

名前

1．食塩27gを、153gの水にとかして食塩水をつくります。食塩は、この食塩水の何%ですか。

（割合十字をかきましょう。）

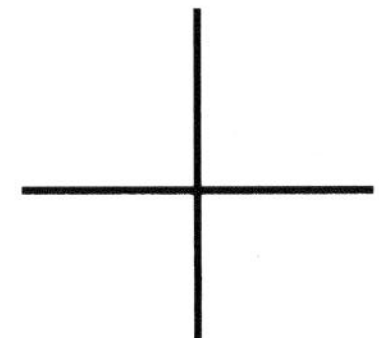

（計 算）

2．さとう63gを、117gの水にとかしてさとう水にします。さとうは、このさとう水の何%ですか。

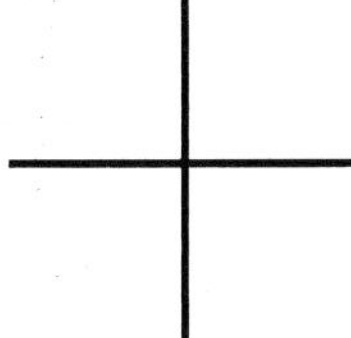

3．食塩水220gの中に、15%の食塩がふくまれています。食塩は何gですか。

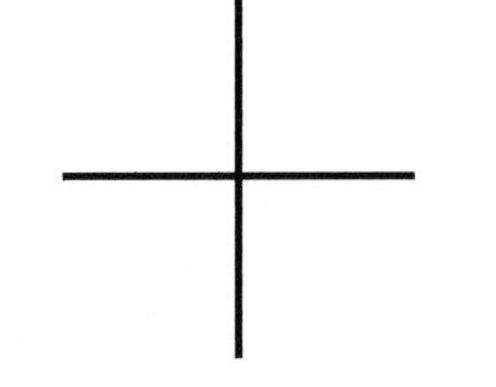

4．さとう水240gの中に、35%のさとうがふくまれています。さとうは何gですか。（割合十字をかきましょう。）

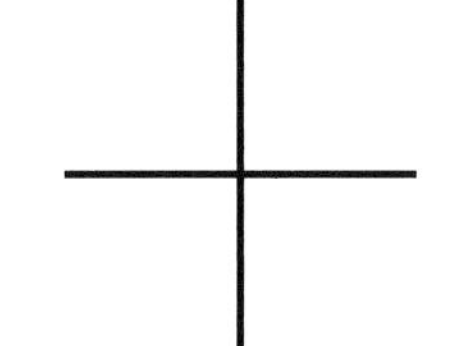

（計 算）

5．こさが13%の食塩水には、食塩が52gはいっています。この食塩水は何gでしょうか。

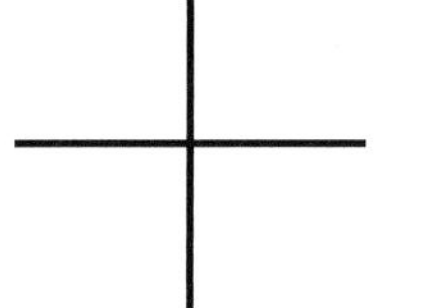

6．こさが34%のさとう水に、さとうが102gはいっています。このさとう水は何gでしょうか。

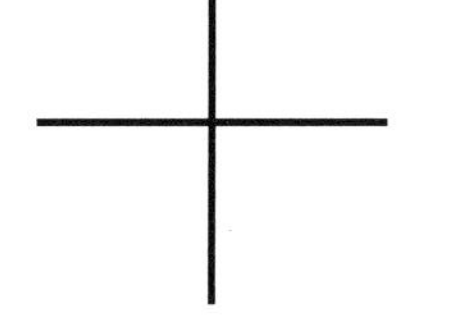

割　合 ㉔　いろいろな問題

名前

1．① 2470円で仕入れたシューズに、3800円の定価をつけました。もうけは定価の何割何分ですか。（割合十字をかきましょう。）

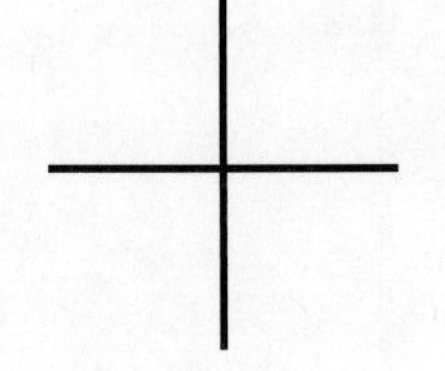

② このシューズを定価の1割5分びきで売りました。もうけは何円でしたか。

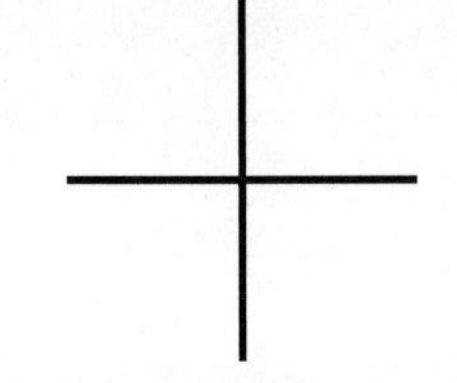

2．① 3800円で仕入れた品物に、仕入れ値の25%のもうけを加えて定価にしました。定価は何円ですか。

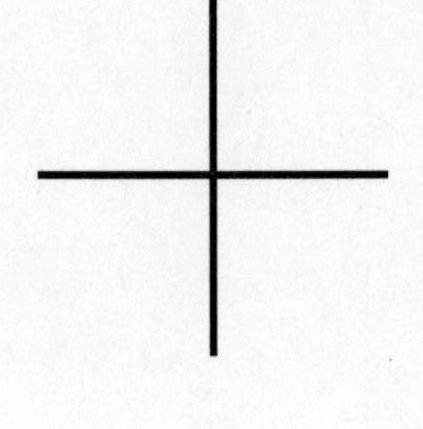

（計　算）

② この品物を定価の16%びきで売りました。もうけは何円でしたか。

3．① 定価6400円のバッグには、もうけが2880円ふくまれています。仕入れ値は定価の何%ですか。

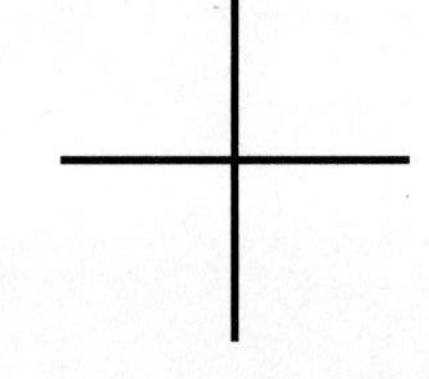

② このバッグを定価から800円だけひいて売りました。売った値段は定価の何%ですか。

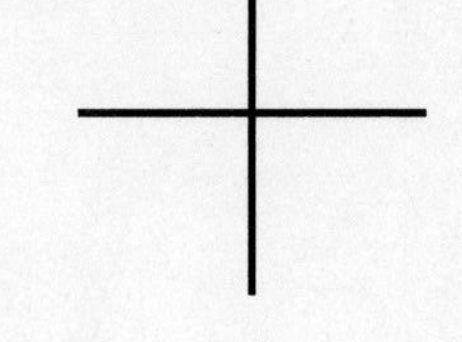

（計　算）

29 割　合 ㉕　いろいろな問題

名前

1．花畑の 32% をほって、80m² の池をつくりました。元の花畑の広さは何m² ですか。(割合十字をかきましょう。)

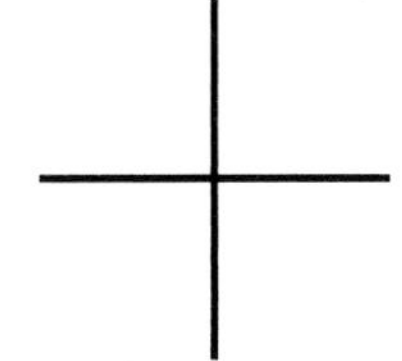

（計　算）

2．写真を 312 枚写しました。これは予定していた枚数の3割増です。予定していた枚数は何枚でしたか。

3．中央モータープールには、156 台の車がはいっています。これは全体の 65% です。あと何台はいれますか。

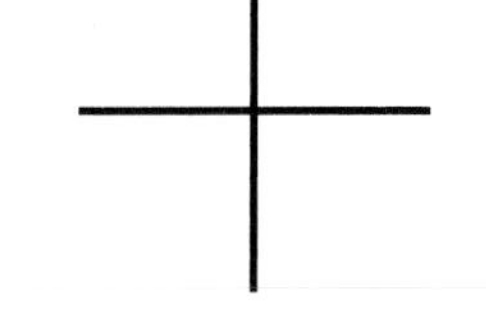

4．定価25000円のデジタルカメラを 44% びきで売っています。売り値は何円ですか。(割合十字をかきましょう。)

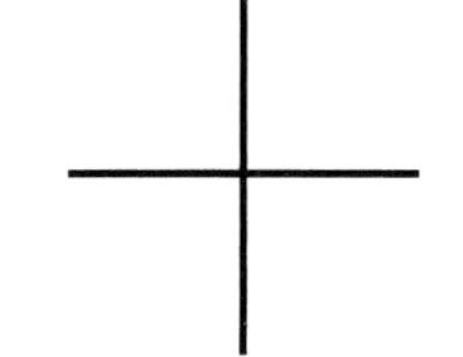

（計　算）

5．850 冊の本のうち 40% は絵本です。絵本の 45% は外国作家の絵本です。それは何冊ですか。

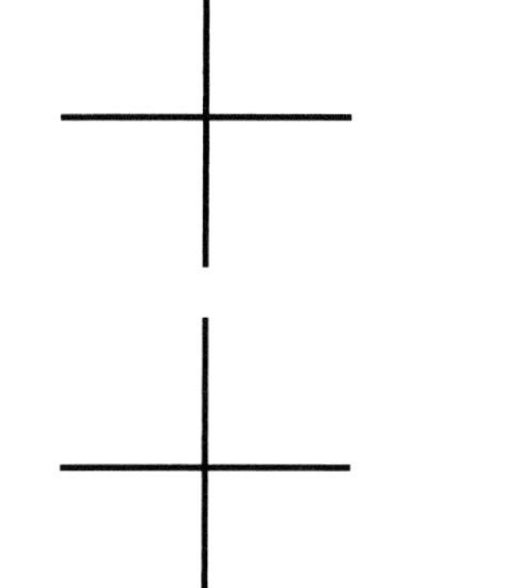

6．40mL の果じゅうに、3倍の水を加えてジュースをつくります。果じゅう何%のジュースができますか。

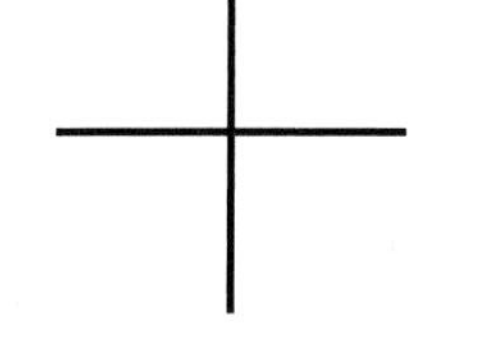

まとめのテスト　割合 ①

名前

1．小数で表した割合を、百分率で表しなさい。(3×5)

① 0.75 ＝　　② 0.012 ＝

③ 1.03 ＝　　④ 0.04 ＝

⑤ 4 ＝

2．百分率で表した割合を、小数で表しなさい。(3×5)

① 25% ＝　　② 76% ＝

③ 50% ＝　　④ 2.4% ＝

⑤ 135% ＝

3．次の□にあてはまる数をかきなさい。(3×5)

① 17の□倍は68　　② 6mは8mの□倍

③ 240kgの$\frac{5}{6}$は□kg　　④ 350Lは□Lの0.7倍

⑤ □円の$\frac{2}{7}$は100円

4．次の量は、(　) の中の何%ですか。(3×5)

① 21g (50g) ＿＿＿　　② 270g (360g) ＿＿＿

③ 4.06m (7m) ＿＿＿　　④ 200円 (125円) ＿＿＿

⑤ 1L (4L) ＿＿＿

5．ひろし君は270ページの本の60%を読みました。何ページ読みましたか。(10)

＿＿＿

6．じゃがいもは全体の重さの17%がでんぷんです。200kgのじゃがいもには、およそ何kgのでんぷんがふくまれていますか。(10)

＿＿＿

7．定価3300円の電卓を40%びきで売り出しました。売り値はいくらですか。(10)

＿＿＿

8．800円で仕入れた品物に、仕入れ値の25%を加えて定価にしました。定価はいくらですか。(10)

＿＿＿

(計　算)

まとめのテスト　割合 2

名前 ＿＿＿＿＿＿＿＿

1．百分率で表した割合を、小数で表しなさい。(3×5)

① 47% ＝　　② 0.3% ＝

③ 9% ＝　　④ 183% ＝

⑤ 80% ＝

2．小数で表した割合を、百分率で表しなさい。(3×5)

① 0.36 ＝　　② 0.06 ＝

③ 1.37 ＝　　④ 0.809 ＝

⑤ 0.5 ＝

3．次の量は、(　) の中の何%ですか。(3×5)

① 72cm (45cm) ＿＿＿＿　　② 288円 (640円) ＿＿＿＿

③ 214.6g (370g) ＿＿＿＿　　④ 6.24L (8L) ＿＿＿＿

⑤ 130kg (50kg) ＿＿＿＿

4．次の□にあてはまる数をかきなさい。(3×5)

① □円の80%は192円　　② □Lの130%は650L

③ 10人は□人の4%　　④ 1170gは□gの180%

⑤ □mの35%は280m

5．① 月収36万円の40%は食費で、食費の30%は主食費です。食費はいくらですか。(10)

＿＿＿＿

② 主食費はいくらですか。(10)

＿＿＿＿

6．アップル社の女子社員は104人です。それは、全社員の40%です。アップル社の男子社員は何人ですか。(10)

＿＿＿＿

7．6400円で仕入れた品物に、仕入れ値の20%を加えて定価にしました。これを定価の5%びきで売ると、利益はいくらですか。(10)

＿＿＿＿

(計　算)

まとめのテスト　割合 3

名前

1．小数で表した割合を、百分率で表しなさい。(3×5)

① 0.45 =　　② 0.403 =

③ 0.6 =　　④ 1.67 =

⑤ 0.702 =

2．百分率で表した割合を、小数で表しなさい。(3×5)

① 39% =　　② 145% =

③ 0.6% =　　④ 40% =

⑤ 7% =

3．次の量は、(　) の中の何%ですか。(3×5)

① 301円 (350円) ＿＿＿＿　　② 8.16m (6m) ＿＿＿＿

③ 403.2g (480g) ＿＿＿＿　　④ 10.2L (12L) ＿＿＿＿

⑤ 1.2kg (60kg) ＿＿＿＿

4．次の□にあてはまる数をかきなさい。(3×5)

① □円の40%は128円　　② 9aは45aの□%

③ 49は□の35%　　④ □kgの65%は585kg

⑤ 300mの1.8%は□m

5．東小学校の児童数は750人ですが、インフルエンザで、12%が欠席しました。そのうちの60%は男子です。それは何人ですか。(10)

＿＿＿＿

6．持っていたお金の80%で本を買うと、残りは300円になりました。はじめ何円持っていましたか。(10)

＿＿＿＿

7．1組の学級園は12m^2です。これは、学級園全体の8%にあたります。学級園全体は何m^2ですか。(10)

＿＿＿＿

8．ある工場のテレビ生産台数は、昨年よりも12%増えて172480台です。昨年のテレビ生産台数は何台でしたか。(10)

＿＿＿＿

(計　算)

まとめのテスト　割合 4

名前 ＿＿＿＿＿＿＿＿

1．百分率で表した割合を、小数で表しなさい。(3×5)

① 263% ＝　　② 0.9% ＝

③ 48% ＝　　④ 100% ＝

⑤ 70% ＝

2．小数で表した割合を、百分率で表しなさい。(3×5)

① 0.58 ＝　　② 0.903 ＝

③ 2.67 ＝　　④ 0.2 ＝

⑤ 0.05 ＝

3．次の量は、(　) の中の何%ですか。(3×5)

① 27a (30a) ＿＿＿＿　　② 512円 (400円) ＿＿＿＿

③ 170円 (680円) ＿＿＿＿　　④ 42g (840g) ＿＿＿＿

⑤ 540m (500m) ＿＿＿＿

4．次の□にあてはまる数をかきなさい。(3×5)

① 480kmの25%は□km　　② 255円の40%は□円

③ □kgの140%は378kg　　④ □円の15%は360円

⑤ 96Lの□%は33.6L

5．表のような食塩水をつくります。

① 食塩水A、Bの量を表にかきなさい。(4×2)

	水(g)	食塩(g)	食塩水(g)
A	135	15	
B	176	24	

② それぞれ何%の食塩水ですか。(5×2)

A ＿＿＿＿　B ＿＿＿＿

6．15%の食塩水を400gつくります。水何gと食塩何gを用意すればいいでしょうか。(10)

食塩 ＿＿＿＿　水 ＿＿＿＿

7．5%の食塩水が160gあります。この中へ食塩40gを入れてとかすと、何%の食塩水になりますか。(12)

＿＿＿＿

(計　算)

比　等しい比

すを２カップ、サラダ油を３カップまぜて、ドレッシングをつくりました。

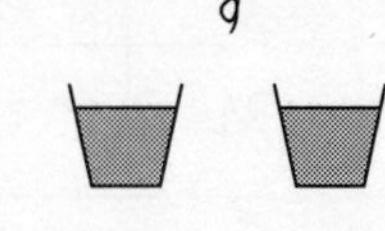

このドレッシングには、すとサラダ油が、**２**と**３**の割合でまざっていますね。

それを「：」の記号を使って、**２：３**と表し、二対(たい)三と読みます。このように表された割合を**比**とよびます。

それならすを大さじ２はいと、サラダ油を大さじ３ばいをまぜても、比は２：３で、同じになります。

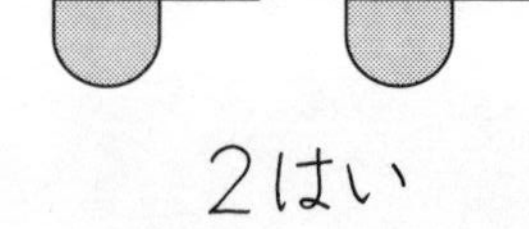
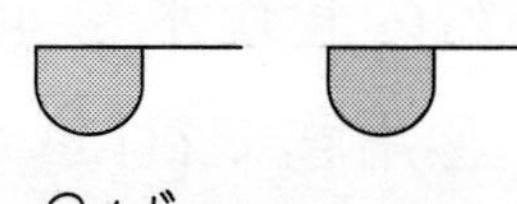

２：３の割合でつくるのだから、もっとたくさんつくることもできるよ。

ほら、こんなふうに、

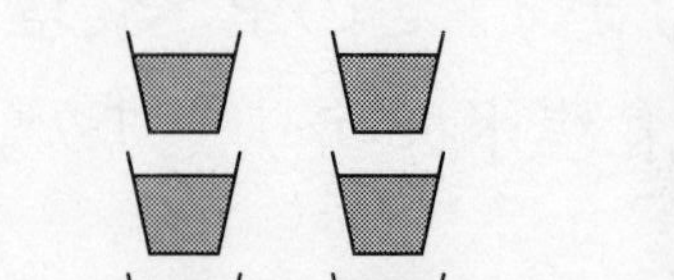
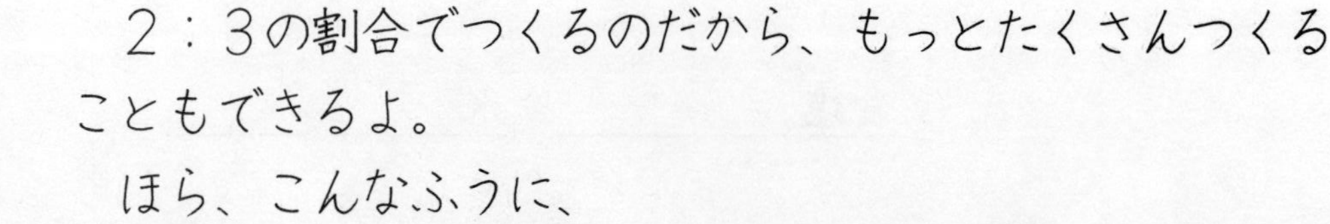
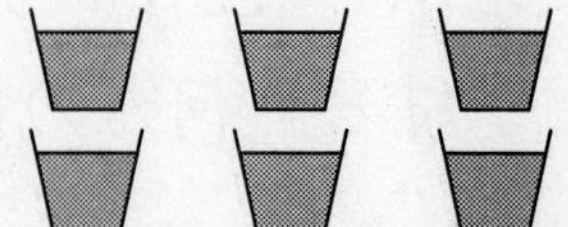

そのとおりです。まざり具合が同じ２：３なら、量がちがってもいいのです。割合が２：３ならまざり具合（ドレッシングの味）は同じです。

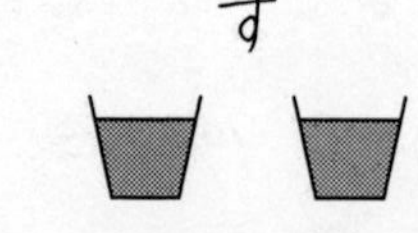

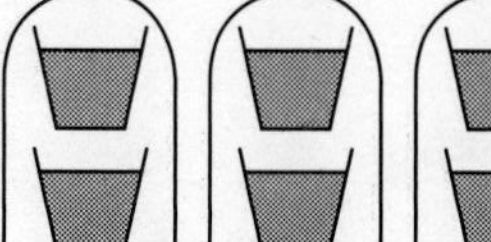
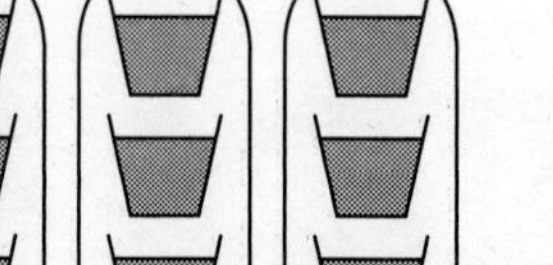

図のように、６：９＝２：３ですから、２つの等しい比には次のような関係があります。

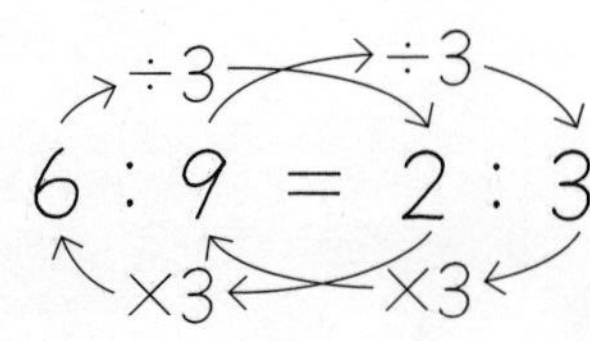

$$6:9=2:3$$

すると、２：３と等しい比はいくつでもつくれるのですね。たとえば、２×５と３×５で10：15のようにして。

$$2:3=10:15\quad(\times5)$$

どちらにも同じ数をかけるか、同じ数でわるかしても等しい比になるということですね。20÷10と30÷10として２：３のように。

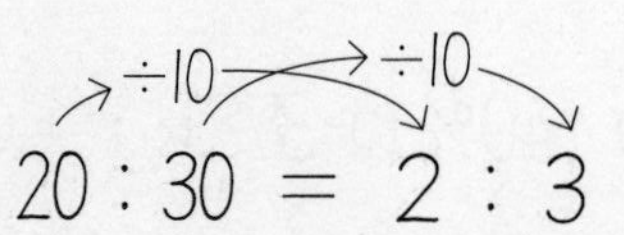

$$20:30=2:3$$

☆　２：３のような２項(こう)の比では、２を前項(ぜんこう)、３を後項(こうこう)といいます。

1 比　比で表す

名前＿＿＿＿＿＿＿＿

1．岸さんは9m、林さんは5mのひもを持っています。岸さんのひもと林さんのひもの長さを比で表しましょう。

＿＿＿＿

2．森さんの学級は、男子が21人で女子が19人です。男子と女子の人数を比で表しましょう。

＿＿＿＿

3．谷さんは65円、星さんは98円持っています。谷さんと星さんの持っている金額を比で表しましょう。

＿＿＿＿

4．私の体重は47kgで、父の体重は78kgです。私と父の体重を比で表しましょう。

＿＿＿＿

5．縦43cm、横72cmの旗があります。縦と横の長さを比で表しましょう。

＿＿＿＿

6．6年1組の人数は33人です。そのうち、女子は14人です。女子の人数とクラスの人数を比で表しましょう。

＿＿＿＿

7．100mを林さんは2分2秒で森さんは1分29秒で泳ぎました。林さんと森さんのかかった時間の比はいくらでしょう。秒の単位で表しましょう。

＿＿＿＿

8．1mの棒を地面にまっすぐに立ててかげの長さをはかると73cmでした。棒とかげの長さを比で表しましょう。（単位をそろえて考えましょう。）

＿＿＿＿

9．赤いロープは5.5m、青いロープは6.8mです。赤と青のロープの長さを比で表しましょう。

＿＿＿＿

10．縦7cm、横10cm、高さ6cmの箱があります。この箱の縦と横と高さを比で表しましょう。（3つの比でも順にかけばいいのです。）

＿＿＿＿

比　等しい比 ①

名前

1．次の割合を比で表しましょう。（本や枚の名数、mやLの単位はいりません。）

① 60g，30g　（　：　）　② 50m，60m　（　：　）

③ 40本，30本　（　：　）　④ 12枚，8枚　（　：　）

⑤ 50L，35L　（　：　）　⑥ 100cm，70cm（　：　）

⑦ 45個，75個　（　：　）　⑧ 9人，24人　（　：　）

⑨ $125m^2$，$100m^2$（　：　）　⑩ 40mL，100mL（　：　）

☆「：」の前の数字を前項（ぜんこう）、後ろの数字を後項（こうこう）といいます。

60：30なら、60が前項、30が後項だね。

2．＿＿の指示にしたがって、比の数字を変えましょう。

① 5：3（×3）＝15：9　② 3：7（×4）＝

③ 4：6（÷2）＝　④ 7：12（×2）＝

⑤ 15：25（÷5）＝　⑥ 30：45（÷15）＝

⑦ 60：40（÷20）＝　⑧ 12：13（×3）＝

⑨ 100：200（÷100）＝　⑩ 900：700（÷100）＝

☆ 前項と後項に同じ数をかけたり、同じ数でわったりしても比の大きさは変わりません。

上の⑤の場合は、15：25の前項と後項を5でわって3：5としています。このように15：25＝3：5とすることを比を簡単にするといいます。

3．比を簡単にしましょう。

① 15：20 ＝（　　）：（　　）

② 6：18 ＝（　　）：（　　）

③ 8：12 ＝（　　）：（　　）

④ 18：15 ＝（　　）：（　　）

⑤ 24：16 ＝（　　）：（　　）

⑥ 36：24 ＝（　　）：（　　）

⑦ 20：60 ＝（　　）：（　　）

⑧ 45：60 ＝（　　）：（　　）

⑨ 28：49 ＝（　　）：（　　）

⑩ 300：500 ＝（　　）：（　　）

③ 比　等しい比 ②

名前

1．比を簡単にしましょう。小数の場合は、前項と後項を何倍かして整数の比になおしてから簡単な比にします。

		整数に直す		簡単にする
①	0.2 : 0.6 =	2 : 6	=	1 : 3
②	0.6 : 0.8 =	:	=	:
③	0.8 : 0.4 =	:	=	:
④	1.2 : 1.8 =	:	=	:
⑤	0.9 : 7.2 =	:	=	:
⑥	1.2 : 6 =	:	=	:
⑦	1.5 : 4.5 =	:	=	:
⑧	2.4 : 5.6 =	:	=	:
⑨	0.24 : 0.16 =	:	=	:

2．比を簡単にしましょう。分数の場合は、通分してから簡単な比にします。通分して分子の大きさで比べます。

		通分する	分子で比べる		簡単にする
①	$\frac{1}{3} : \frac{1}{4}$ =	$\frac{4}{12} : \frac{3}{12}$ =	4 : 3		
②	$\frac{1}{3} : \frac{1}{2}$ =	―― : ―― =	:		
③	$\frac{2}{5} : \frac{1}{3}$ =	―― : ―― =	:		
④	$\frac{5}{6} : \frac{3}{4}$ =	―― : ―― =	:		
⑤	$\frac{5}{6} : \frac{5}{9}$ =	$\frac{15}{18} : \frac{10}{18}$ =	15 : 10	=	3 : 2
⑥	$\frac{5}{8} : \frac{5}{6}$ =	―― : ―― =	:	=	:
⑦	$\frac{4}{9} : \frac{4}{15}$ =	―― : ―― =	:	=	:
⑧	$\frac{7}{12} : \frac{7}{8}$ =	―― : ―― =	:	=	:
⑨	$\frac{7}{9} : \frac{7}{12}$ =	―― : ―― =	:	=	:

④ 比　等しい比 ③

名前

1．簡単な整数の比になおしましょう。

① 8 : 24　　② 4 : 20

③ 12 : 6　　④ 28 : 7

⑤ 3 : 27　　⑥ 32 : 4

⑦ 14 : 28　　⑧ 36 : 12

⑨ 6 : 8　　⑩ 12 : 8

⑪ 21 : 6　　⑫ 9 : 6

⑬ 24 : 42　　⑭ 27 : 45

⑮ 35 : 14　　⑯ 40 : 25

⑰ 24 : 40　　⑱ 18 : 24

⑲ 60 : 24　　⑳ 12 : 36

2．簡単な整数の比になおしましょう。

① 2.5 : 4.5

② 1.8 : 7.2

③ 5.6 : 4.2

④ 6 : 1.5

⑤ $\frac{5}{12} : \frac{3}{8}$

⑥ $\frac{5}{6} : \frac{7}{9}$

⑦ $\frac{3}{8} : \frac{3}{10}$

⑧ $\frac{5}{16} : \frac{5}{12}$

⑨ $\frac{7}{12} : \frac{7}{18}$

5 比　等しい比 ④

名前 ＿＿＿＿＿＿＿＿

1．縦3m、横12mの畑があります。
縦と横の長さを簡単な比で表しましょう。

＿＿＿＿＿＿

2．縦25m、横15mのプールがあります。
このプールの縦と横の長さの比を簡単な数で表しましょう。

＿＿＿＿＿＿

3．Aの水道管からは1分間に75L、Bの水道管からは1分間に50Lの水が出ます。
A、Bの水道管から出る水の量を簡単な比で表しましょう。

＿＿＿＿＿＿

4．弟は800円、兄は1800円持っています。
2人の持っているお金を簡単な比で表しましょう。

＿＿＿＿＿＿

5．昨日は1時間20分勉強をし、今日は55分勉強をしました。
昨日と今日の勉強した時間の長さを簡単な比で表しましょう。
（単位をそろえて考えましょう。）

＿＿＿＿＿＿

6．森さんは2ダースのえんぴつを持っています。谷さんは15本のえんぴつを持っています。
2人の持っているえんぴつの数を簡単な比で表しましょう。

＿＿＿＿＿＿

7．牛乳が3Lあります。ジュースが1.4Lあります。
牛乳とジュースの量を簡単な比で表しましょう。

＿＿＿＿＿＿

8．縦が45cm、横が60cm、高さが15cmのつみ木があります。
縦、横、高さの比を簡単な比で表しましょう。

＿＿＿＿＿＿

比　等しい比 ⑤

名前

1. 1.8mのロープと2.4mのロープの長さを簡単な比で表しましょう。

2. 弟の体重は37.5kgで、兄の体重は48kgです。
弟と兄の体重を簡単な比で表しましょう。

3. 1.2Lのジュースのうち、4dLを飲みました。
はじめの量と飲んだ量を簡単な比で表しましょう。（単位をそろえて考える。）

4. 2mのテープから0.8mの長さを切って使いました。
使った長さと残りの長さの比を簡単な比で表しましょう。

5. $\frac{3}{4}$Lのジュースと$\frac{1}{4}$Lのコーラがあります。
ジュースとコーラの量を簡単な比で表しましょう。

6. 駅まで行くのに、お父さんの車は$\frac{2}{3}$時間、兄の車は$\frac{7}{9}$時間かかります。それぞれの車の駅まで行くのにかかる時間を簡単な比で表しましょう。

7. ガソリンが$\frac{1}{3}$Lあります。灯(とう)油が$\frac{1}{2}$Lあります。
ガソリンと灯油の量を簡単な比で表しましょう。

8. ある仕事をするのに林さんは$\frac{3}{4}$時間、星さんは$\frac{5}{6}$時間かかります。
林さんと星さんの仕事にかかった時間を簡単な比で表しましょう。

比　比の値(あたい)

長方形のⒶのカードは、縦が3cmで横が5cmです。このカードの縦と横の比は3：5ですね。

この比で、前項（縦）が後項（横）の何倍にあたるかを表す数を比の値(あたい)といいます。

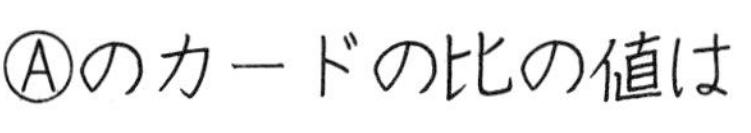

前項÷後項＝比の値

Ⓐのカードの比の値は

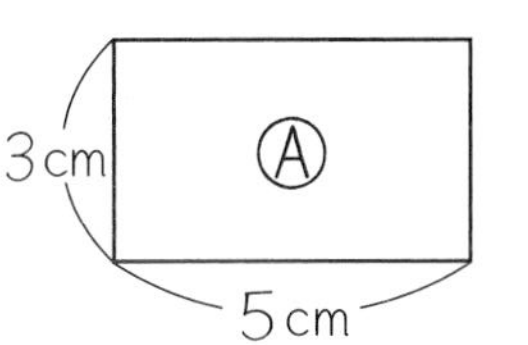

$3 \div 5 = \frac{3}{5}$ です。

Ⓑのカードは、縦が36mmで横が60mmです。
Ⓑのカードの比の値は

$36 \div 60 = \frac{36}{60} = \frac{3}{5}$ です。

60mm
36mm
Ⓑ

ⒶもⒷも比の値は$\frac{3}{5}$ですから、ⒶのカードとⒷのカードの縦と横の比は等しいことがわかります。

比の値を求めて、等しい比をみつけましょう。	
①　8：12	②　18：12
③　21：28	④　30：45

①　$8 \div 12 = \frac{8}{12} = \frac{2}{3}$　　②　$18 \div 12 = \frac{18}{12} = \frac{3}{2}$

①は$\frac{2}{3}$です。②は$\frac{3}{2}$です。

③　$21 \div 28 = \frac{21}{28} = \frac{3}{4}$　　④　$30 \div 45 = \frac{30}{45} = \frac{2}{3}$

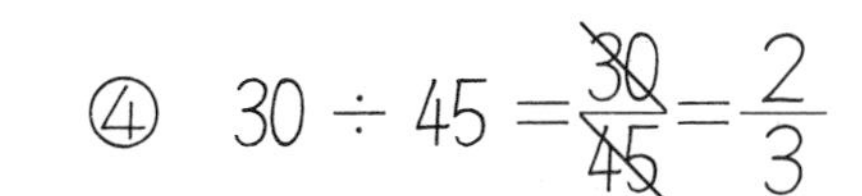

③は$\frac{3}{4}$です。④は$\frac{2}{3}$です。

①と④が等しい比です。

よくできました。
練習問題をしましょう。比の値を求めてください。

① 8：40

② 75：45

③ 10：12

④ 32：24

⑤ 36：24

⑥ 75：100

⑦ 28：63

⑧ 36：60

7 比　比の値（あたい）

名前

1．北小学校の運動場は長方形で、縦が72m、横が90mです。
縦と横の比の値を求めましょう。

2．急行列車の1号車には120人、2号車には124人乗っています。
1号車と2号車の乗客数の比の値を求めましょう。

3．赤いペンキが4.8L、白いペンキが3.6Lあります。
赤いペンキと白いペンキの量の比の値を求めましょう。
（小数の比を整数の比にしてから、比の値を求めます。）

4．次の比を整数の比になおしてから比の値を求めましょう。

① 0.4：0.6

② 0.6：0.8

③ 1.5：0.6

④ 2.1：0.9

⑤ 1：1.5

⑥ 1.6：1.2

⑦ 1.4：3.5

⑧ 1.6：2

⑨ 2.7：1.8

⑩ 3.9：2.6

比　比の利用

棒の高さとかげの長さを比べてみましょう。

50cmと150cmの棒をまっすぐに立てて、かげの長さをはかります。それを図にかくとこうなります。

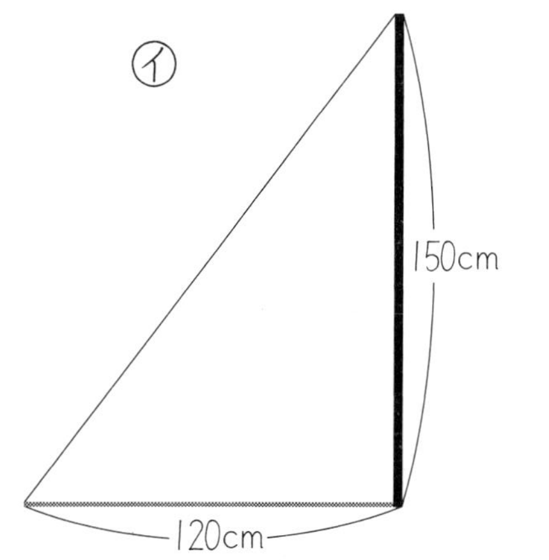
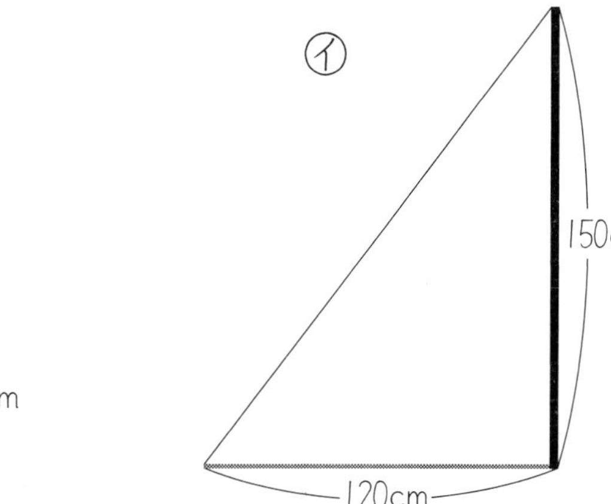

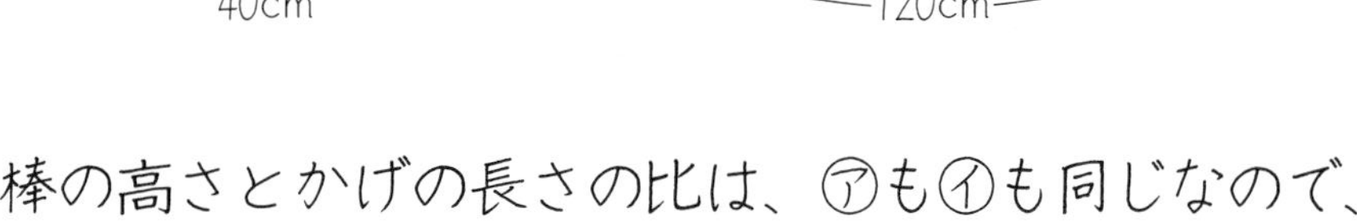

棒の高さとかげの長さの比は、㋐も㋑も同じなので、

50：40＝150：120です。

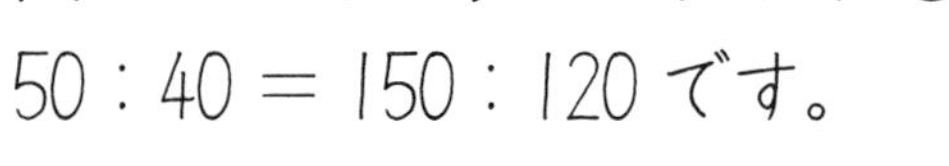

簡単な比になおすと、

50：40　＝　5：4

150：120　＝　5：4　どちらも5：4になります。

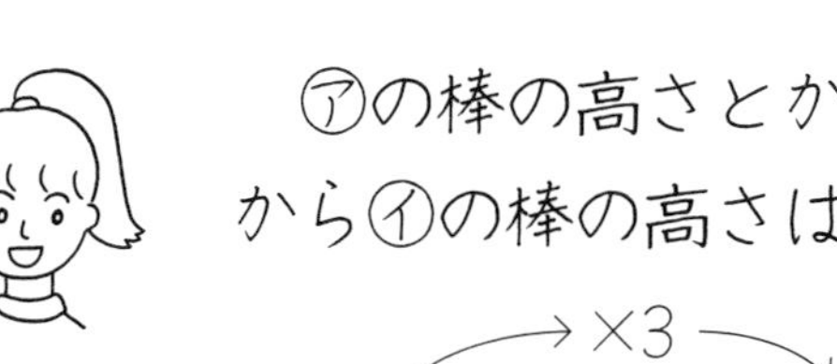

㋐の棒の高さとかげの長さがわかれば、㋑のかげの長さから㋑の棒の高さは計算できます。

50：40　＝　□：120（×3）

□は50×3＝150(cm)です。

それでは、図の□を求めてください。

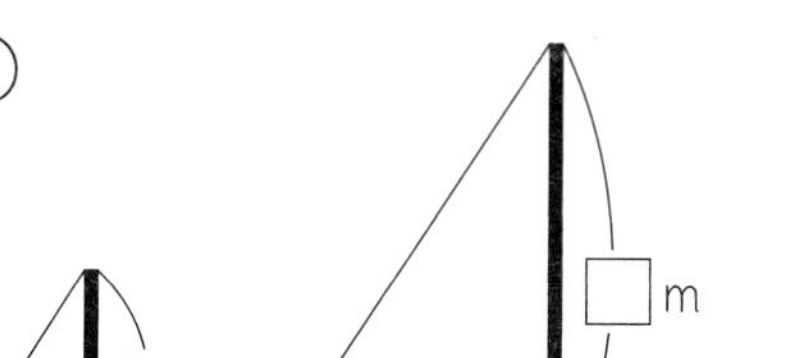
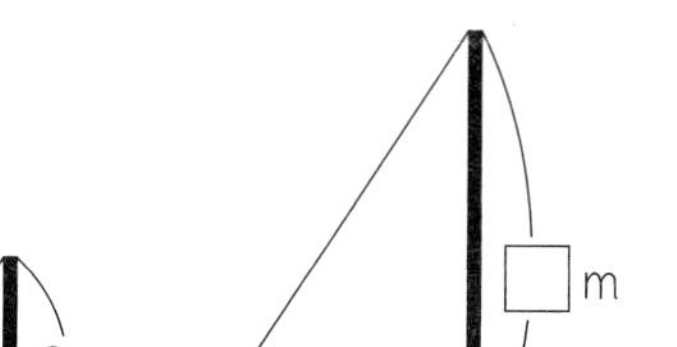

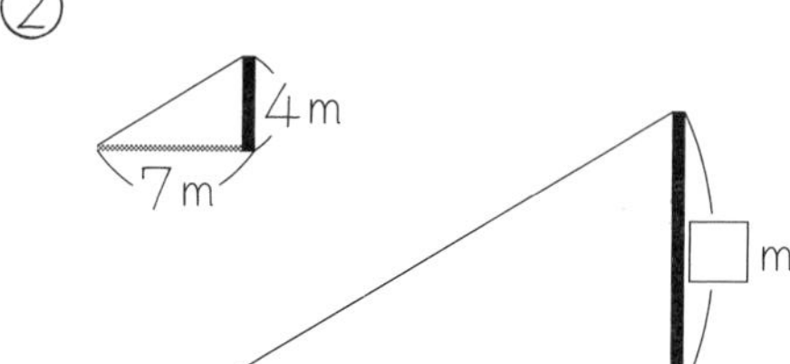

①は　3：2　＝　□：4（×2）　3×2＝6(m)です。

②は　4：7　＝　□：21（×3）　4×3＝12(m)です。

2mの棒をまっすぐに立てると、かげは5mです。まっすぐにのびた木のかげは25mです。

この木の高さは何mですか。

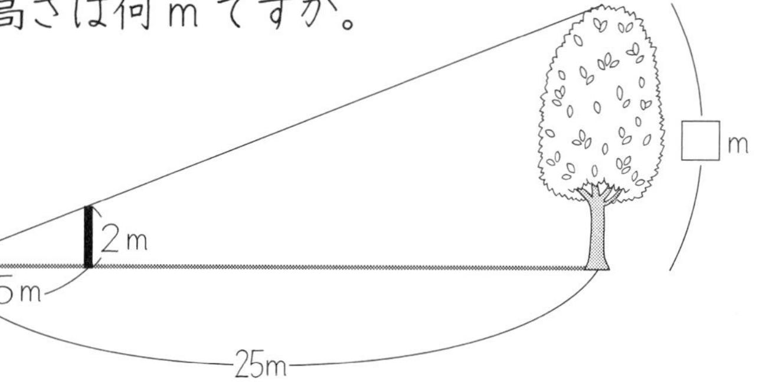

図の形は少しちがいますが、同じように考えられますね。棒の高さと棒のかげの長さの比は、木の高さと木のかげの長さの比と同じですから、2つの比は等しい比になります。

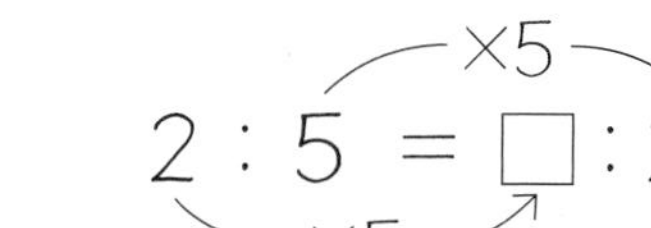

2：5　＝　□：25（×5）　2×5＝10(m)ですね。

⑧ 比　比の利用 ①

名前 ＿＿＿＿＿＿＿＿

2：5の比の前項も後項もともに3倍すると6：15です。2つの比は等しい比です。

2：5＝6：15

では、㋐ 2：5＝□：15
　　　㋑ 2：5＝6：□　の□や□を求めてください。

㋐は、15÷5＝3　2×3＝6
㋑は、6÷2＝3　5×3＝15　です。

1．次の□を求めましょう。（計算は右の余白でするか、暗算でする。）

① 3：5 ＝ □：15

② 4：7 ＝ □：28

③ 8：3 ＝ 56：□

④ 14：49 ＝ 2：□

⑤ 15：21 ＝ □：7

⑥ 36：24 ＝ □：2

⑦ 26：39 ＝ 2：□

2．縦3m、横8mの長方形の池があります。
縦と横の比を変えずに、縦を9mにすると横は何mになるでしょう。

＿＿＿＿＿＿

3．縦5m、横3.5mの長方形の花だんがあります。縦と横の比を変えずに、横を14mにすると縦は何mになるでしょう。

＿＿＿＿＿＿

4．はちみつと湯を、3：10の割合にまぜた飲みものをつくります。
はちみつを60gにすると、湯は何gになるでしょう。

＿＿＿＿＿＿

比　比の利用 ②

名前 ＿＿＿＿＿＿＿＿

1．縦と横の長さの比が４：７になる長方形のスポーツ公園をつくります。横を 140m にすると、縦は何 m になるでしょう。

＿＿＿＿＿＿

2．縦が 15m、横が 21m の長方形の庭に、同じ比の花だんをつくります。縦を５m にすると、横は何 m になるでしょう。

＿＿＿＿＿＿

3．米と水の割合を２：９にして、おかゆをつくります。米 240g には何 g の水がいるでしょう。

＿＿＿＿＿＿

4．赤い画用紙と白い画用紙を２：７の割合で配ります。赤い画用紙を 40 枚配ると、白い画用紙は何枚必要でしょう。

＿＿＿＿＿＿

5．水色のビー玉７個と黄色のビー玉３個をセットにします。水色のビー玉は 105 個あります。黄色のビー玉は何個必要でしょう。

＿＿＿＿＿＿

6．白いばら３本と赤いばら４本の花束をつくります。赤いばらは 60 本あります。白いばらは何本あればいいでしょう。

＿＿＿＿＿＿

比　内項（ないこう）の積と外項（がいこう）の積

棒の高さと棒のかげの長さがわかれば、木のかげの長さから木の高さが、比を使って求められましたね。

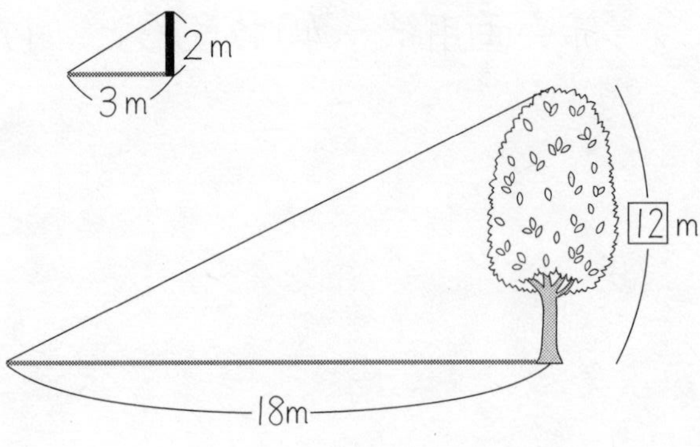

2：3 ＝ □：18　（×6）　　2×6＝12（m）

求めた数を入れると次の式になります。

2：3＝12：18

この等しい式で、内側の3と12を「内項（ないこう）」といいます。外側の2と18を「外項（がいこう）」といいます。

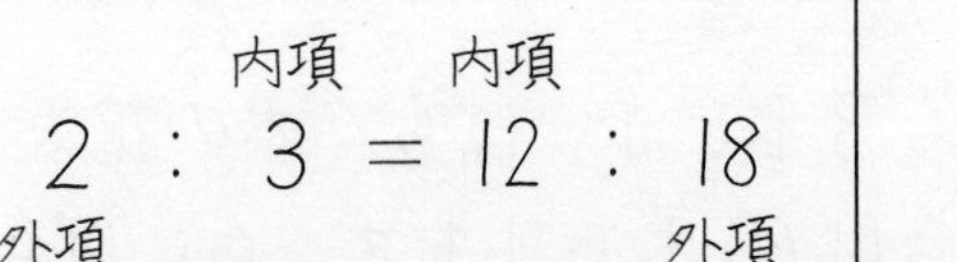

内項と外項の関係を考えてみましょう。

2：3 ＝ 12：18（内項の積／外項の積）

内項の積は　3×12＝36です。

外項の積は　2×18＝36です。

等しい比の式では、内項の積と外項の積はいつでも等しくなります。

この関係を利用すれば、次の等しい比の式の□は簡単に求められます。

2：3 ＝ □：18

2×18÷3＝12　です。

同じようにして次の□を求めてください。

① 2：6 ＝ 6：□　　6×6÷2＝18

② 6：8 ＝ □：16　　6×16÷8＝12

③ 5：10 ＝ 10：□　　10×10÷5＝20

④ 3：9 ＝ □：63　　3×63÷9＝21

⑤ 16：24 ＝ □：15　　16×15÷24＝10

比 内項の積と外項の積 ①

名前

1．次の式は、等しい比の式です。
内項の積＝外項の積を使って、下の式の□を求めましょう。

① 7 : 12 = □ : 24

② 3 : 7 = □ : 28

③ 15 : 25 = □ : 5

④ 30 : 45 = □ : 9

⑤ 24 : 16 = □ : 4

⑥ 5 : 3 = 15 : □

⑦ 4 : 6 = 8 : □

⑧ 36 : 24 = 3 : □

⑨ 45 : 60 = 3 : □

2．**内項の積＝外項の積**を使って、等しい比の式の□を求めましょう。

① 15 : 20 = □ : 4

② 6 : 21 = □ : 7

③ 18 : 15 = 6 : □

④ 20 : 60 = 4 : □

⑤ 28 : 49 = □ : 7

⑥ 12 : 13 = □ : 39

⑦ 18 : 24 = □ : 4

⑧ 5 : 2 = 60 : □

⑨ 24 : 40 = 3 : □

⑩ 75 : 90 = 5 : □

11 比　内項(ないこう)の積と外項(がいこう)の積 ②

名前

1．**内項の積＝外項の積**を使って、等しい比の式の□を求めましょう。

① □ : 40 ＝ 3 : 2

② □ : 12 ＝ 14 : 24

③ □ : 16 ＝ 6 : 4

④ □ : 24 ＝ 3 : 2

⑤ □ : 7 ＝ 12 : 28

⑥ 15 : □ ＝ 3 : 5

⑦ 4 : □ ＝ 16 : 24

⑧ 30 : □ ＝ 6 : 9

⑨ 5 : □ ＝ 35 : 21

⑩ 45 : □ ＝ 3 : 4

2．**内項の積＝外項の積**を使って、等しい比の式の□を求めましょう。

① □ : 21 ＝ 2 : 7

② 20 : □ ＝ 4 : 12

③ 12 : 13 ＝ □ : 39

④ 5 : 2 ＝ 60 : □

⑤ □ : 90 ＝ 5 : 6

⑥ 15 : □ ＝ 3 : 4

⑦ 18 : 15 ＝ □ : 5

⑧ 28 : 49 ＝ 4 : □

⑨ □ : 24 ＝ 3 : 4

⑩ 24 : □ ＝ 3 : 5

12　比　内項の積と外項の積 ③

名前

1．**内項の積＝外項の積**を使って、等しい比の式の□を求めましょう。
小数の比でも、求め方は同じです。

① 1.2 : 1.8 = □ : 3　　1.2×3÷1.8＝2

② 1.2 : 1.8 = 2 : □　　1.8×2÷1.2＝3

③ 0.6 : 0.8 = □ : 4

④ 0.9 : 7.2 = □ : 8

⑤ 0.3 : 0.7 = □ : 28

⑥ 3 : 4.5 = 6 : □

⑦ 3.6 : 2.4 = 3 : □

⑧ 2.4 : 1.6 = 6 : □

2．**内項の積＝外項の積**を使って、等しい比の式の□を求めましょう。
小数の比でも、求め方は同じです。

① 2.1 : 0.6 = □ : 0.2　　2.1×0.2÷0.6＝0.7

② 1.2 : 1.5 = 0.4 : □　　1.5×0.4÷1.2＝0.5

③ 0.2 : 0.3 = □ : 0.6

④ 0.6 : 0.8 = 0.3 : □

⑤ 0.3 : 0.5 = □ : 2

⑥ 0.8 : 2 = 0.2 : □

⑦ 1.2 : 0.8 = □ : 0.4

⑧ 1.6 : 4 = 0.4 : □

⑬ 比　内項の積と外項の積 ④

名前

1．5cm で 24g の針金があります。
この針金 35cm では重さは何 g になるでしょう。

2．4時間で 250km 走る自動車は、6時間ではどのくらい走れるでしょう。

3．3時間で $2m^2$ の花だんをつくりました。
この速さで、$5m^2$ の花だんをつくるには、何時間かかるでしょう。

4．赤い花と白い花が4：5の比でさいています。
赤い花は 120 本です。白い花は何本でしょう。

5．5dL が 200 円のジュースを 18dL 買うと、いくらになるでしょう。

6．リボン 1.8m は 720 円でした。1000 円では何 m 買えるでしょう。

比　比例配分(ひれいはいぶん)

１本のカステラを５等分して、妹と弟が２：３の比で分けます。妹はカステラ１本のどれだけにあたり、弟はカステラ１本のどれだけにあたるかを考えてみましょう。

図にかくとこうなりますね。

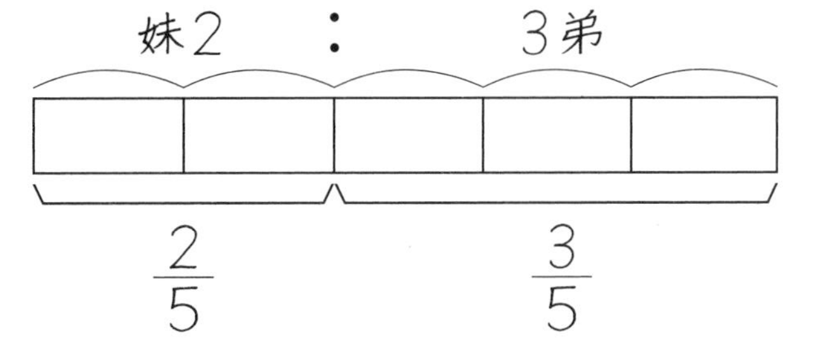

全体を１とみて分けると、妹は$\frac{2}{5}$、弟は$\frac{3}{5}$となります。

このように、ものを比で分けることを「比例配分(ひれいはいぶん)」といいます。

２：３は全体を１とすると、

$\frac{2}{2+3}$と$\frac{3}{2+3}$→$\frac{2}{5}$と$\frac{3}{5}$になるのです。

２：３の比に分けるのだったら、２＋３は５なので５等分する。もし１：４に分けるのだったら、１＋４は５なので、これも５等分になります。

１本のカステラの分け方は、３：４の比にも２：５の比にも自由に分けられます。３：４や２：５なら、全体を７等分して$\frac{3}{7}$と$\frac{4}{7}$とか、$\frac{2}{7}$と$\frac{5}{7}$と表せます。

では、比例配分の問題を解いてもらいましょう。

14ｍのリボンを姉と妹で分けます。姉と妹の比が４：３になるように分けると、それぞれ何ｍずつでしょうか。

４：３に分けるのだから全体を（４＋３）７等分します。７等分のうちの４つ分が姉で、３つ分が妹です。

$\frac{4}{7}$が姉で、妹は$\frac{3}{7}$になります。

14ｍの$\frac{4}{7}$は　　$14\times\frac{4}{7}=8$　　８ｍが姉の分です。

14ｍの$\frac{3}{7}$は　　$14\times\frac{3}{7}=6$　　６ｍが妹の分です。

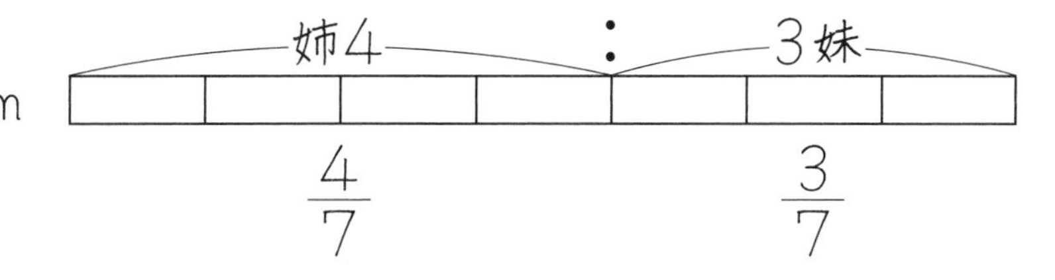

等しい比の式にして、□を求めても解けます。

４＋３＝７

７：４＝14：□

４×14÷７＝８(ｍ)……姉

14－８＝６(ｍ)…………妹

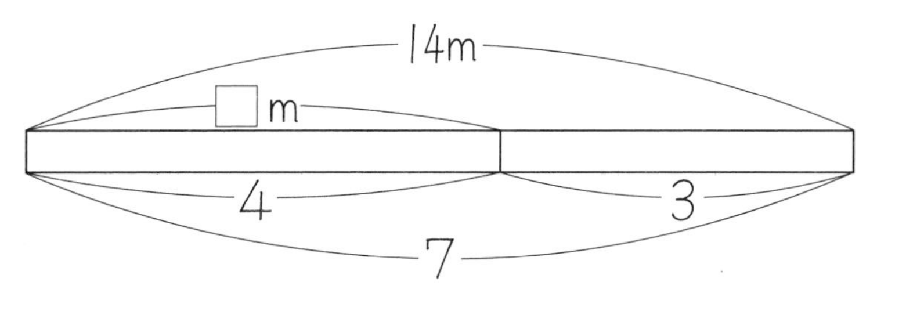

比　比例配分（ひれいはいぶん）

名前 ＿＿＿＿＿＿

1．ある日の昼と夜の長さの比が5：3になりました。
昼の長さは何時間でしょう。（1日は24時間）

＿＿＿＿＿＿

2．10000円を兄と私で、3：2の比になるように分けます。
私の分は何円になるでしょう。

＿＿＿＿＿＿

3．2：7の比になるように、塩と水をまぜて食塩水をつくりました。
この食塩水72gにはいくらの塩がふくまれているでしょう。

＿＿＿＿＿＿

4．犬のカードとねこのカードの比は、5：4です。
カードは合わせて54枚です。それぞれ何枚でしょうか。

犬 ＿＿＿＿＿＿　ねこ ＿＿＿＿＿＿

5．6年生全員で63人です。男女の比が4：3です。
それぞれ何人でしょう。

男 ＿＿＿＿＿＿　女 ＿＿＿＿＿＿

6．コンクリートは、7：11でセメントと砂をまぜてつくります。
72kgのコンクリートには、それぞれ何kgふくまれているでしょう。

セメント ＿＿＿＿＿＿　砂 ＿＿＿＿＿＿

15 比の応用問題 ①

名前 ＿＿＿＿＿＿＿＿

1．兄と弟は、ビー玉を３：２の比で分けます。
弟が40個なら兄は何個でしょう。

＿＿＿＿＿

2．姉と私は、折り紙を４：３の比で分けます。
姉が56枚なら私は何枚でしょう。

＿＿＿＿＿

3．兄と姉が買った本の定価の比は、４：５でした。
姉の本の定価は850円でした。兄の本の定価はいくらでしょう。

＿＿＿＿＿

4．赤いリボンと青いリボンの長さの比は、７：４です。
赤いリボンは84mです。青いリボンは何mでしょう。

＿＿＿＿＿

5．トマト畑とじゃがいも畑の広さの比は、３：８です。
トマト畑は36m^2です。じゃがいも畑は何m^2でしょう。

＿＿＿＿＿

6．公園にばら園と池があります。広さの比は、９：４です。
池の広さは96m^2です。ばら園は何m^2でしょう。

＿＿＿＿＿

(16) 比の応用問題 ②

名前 ＿＿＿＿＿＿＿＿

1. りんごとなしの値段の比は、6：7です。
りんご2個は300円です。なし1個は何円でしょう。

＿＿＿＿＿＿

2. ミネラルウォーターとりんごジュースの値段の比は、3：4です。
りんごジュース2本は640円です。ミネラルウォーター1本は何円でしょう。

＿＿＿＿＿＿

3. スケッチブックの小と大の値段の比は、5：8です。
大のスケッチブック2冊は720円です。小は1冊何円でしょう。

＿＿＿＿＿＿

4. 黒いロープと白いロープの長さの比は、5：7で、長さのちがいは12mです。それぞれの長さを求めましょう。

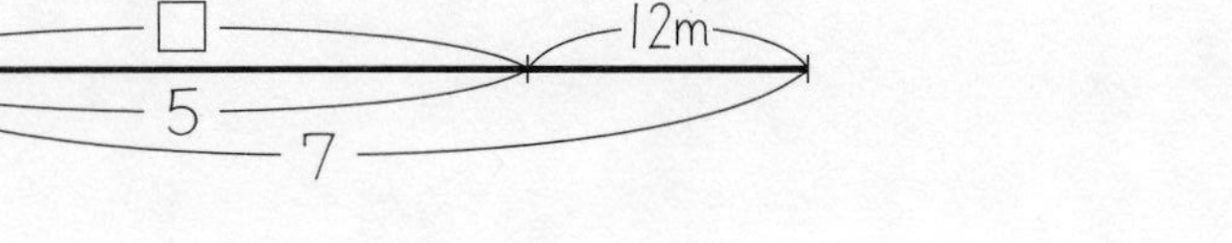

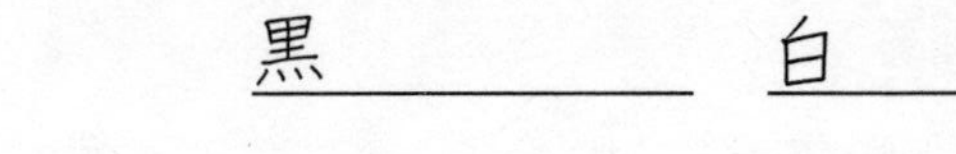

黒＿＿＿＿＿＿　白＿＿＿＿＿＿

5. 長方形の花だんの縦と横の長さの比は、7：10で、長さのちがいは15mです。それぞれの長さを求めましょう。

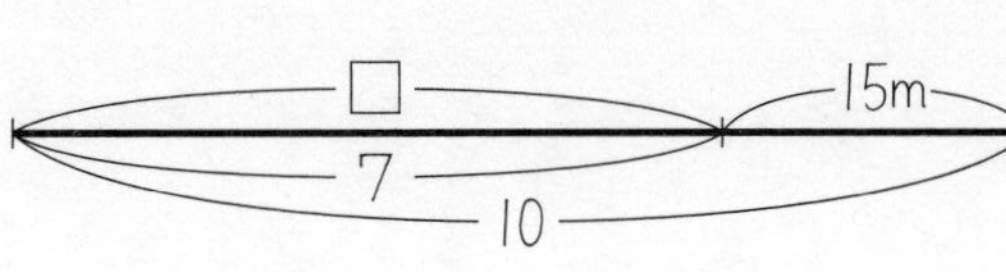

縦＿＿＿＿＿＿　横＿＿＿＿＿＿

6. 体育館にいる人数の男子と女子の比は、9：7で、人数の差は32人です。それぞれの人数を求めましょう。

男＿＿＿＿＿＿　女＿＿＿＿＿＿

17 比の応用問題 ③

名前 ＿＿＿＿＿＿＿＿

1．64m² の菜園に、なすとトマトを5：3の割合で植えました。
それぞれ何m² でしょう。

なす＿＿＿＿　トマト＿＿＿＿

2．60枚の折り紙を、姉と妹が7：5の割合で分けました。
それぞれ何枚でしょう。

姉＿＿＿＿　妹＿＿＿＿

3．5年生は72人で、男子と女子の比は4：5です。
それぞれ何人でしょう。

男＿＿＿＿　女＿＿＿＿

4．長さ280mのロープを、2：5になるように分けました。
それぞれ何mでしょう。

＿＿＿＿　＿＿＿＿

5．4000円のお金を姉と兄は、3：2に分けました。
それぞれ何円でしょう。

姉＿＿＿＿　兄＿＿＿＿

6．52kgのくりを大、小のかごに分けていれました。
その割合は8：5です。それぞれ何kgでしょう。

大＿＿＿＿　小＿＿＿＿

⑱ 比の応用問題 ④

名前 ____________________

1．林さんが500円、谷さんが300円だしてえんぴつを16本買いました。

① 林さんと谷さんのだしたお金の割合を簡単な比にしましょう。

____

② お金の割合でえんぴつを分けると、それぞれ何本でしょう。

林 ________ 谷 ________

2．森さんが420円、北さんが480円だしてえんぴつを30本買いました。

① 森さんと北さんのだしたお金の割合を簡単な比にしましょう。

____

② お金の割合でえんぴつを分けると、それぞれ何本でしょう。

森 ________ 北 ________

3．星さんが400円、岸さんが500円だして色画用紙を45枚買いました。

① 星さんと岸さんのだしたお金の割合を簡単な比にしましょう。

____

② お金の割合で画用紙を分けると、それぞれ何枚でしょう。

星 ________ 岸 ________

4．島さんが480円、東さんが360円だして千代紙を140枚買いました。

① 島さんと東さんのだしたお金の割合を簡単な比にしましょう。

____

② お金の割合で千代紙を分けると、それぞれ何枚でしょう。

島 ________ 東 ________

19 比の応用問題 ⑤

名前

1．900円でロープが75m買えます。600円では何m買えるでしょう。

2．35cmの針金が105gのとき、この針金30cmは何gでしょう。

3．15Lのガソリンで120km走る車は、75Lのガソリンでは何km進むでしょう。

4．4時間で32m²のかべにペンキをぬる人は、この速さで24m²のかべをぬると、何時間かかるでしょう。

5．25分間で400Lの水をいれることのできるパイプで、640Lの水をためるには何分間かかるでしょう。

6．500枚重ねると7cmになる紙があります。5.6cmの高さでは何枚になるでしょう。

比の応用問題 ⑥

名前

1．西小学校は男子が225人、女子が210人です。
男子と女子の比の値（あたい）を求めましょう。

2．はがきの縦は14.8cmで横は10cmです。
はがきの縦と横の比の値を求めましょう。

3．1年生と2年生の人数の比は7：5です。この割合で色紙を配ります。2年生に30枚配ると、1年生は何枚になるでしょう。

4．縦が30cm、横が45cmの画用紙の縦と横の比と同じカードをつくります。縦を6cmにすると横は何cmでしょう。この画用紙から何枚のカードがつくれるでしょう。

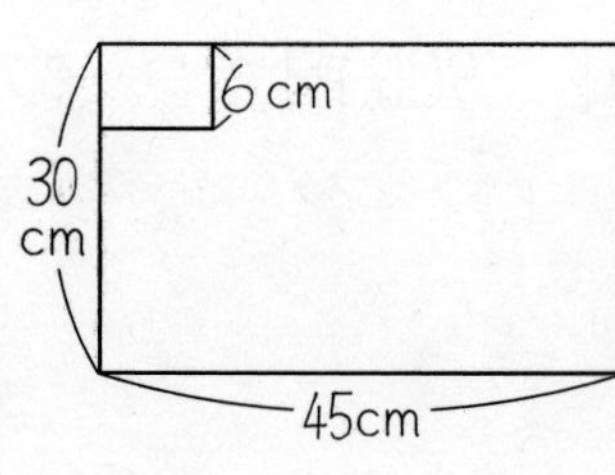

5．25mを8秒のペースでジョギングをします。
1km走るには何秒かかるでしょう。

6．3個が110円のレモンがあります。
このレモンを15個買うと、代金はいくらでしょうか。

21 比の応用問題 ⑦

名前 ＿＿＿＿＿＿＿＿

1．海水400kgから10kgの塩が取れるとすると、12.5kgの塩を取るには、何kgの海水が必要でしょう。

＿＿＿＿

2．3mの重さが4.8kgの鉄パイプがあります。
この鉄パイプ13.6kgでは何m分でしょうか。

＿＿＿＿

3．みかんが55個あります。大小のかごに7:4になるように分けると、大きいかごには、何個入れるとよいでしょう。

＿＿＿＿

4．96mのロープを5：3になるように分けます。
何mと何mにすればよいでしょう。

＿＿＿＿　＿＿＿＿

5．縦と横の長さの比が、4：7の長方形の畑があります。
縦の長さは48mです。横は何mでしょう。面積は何m^2でしょう。

＿＿＿＿　＿＿＿＿

6．縦と横の長さの比が、7：8の長方形の果樹園があります。
横の長さは120mです。縦は何mでしょう。面積は何m^2でしょう。

＿＿＿＿　＿＿＿＿

22 比の応用問題 ⑧

名前 ＿＿＿＿＿＿＿＿

1．ボールペンとシャープペンの値段の比は、4：7です。
ボールペンは3本480円です。シャープペンは1本何円でしょう。

＿＿＿＿＿＿

2．図書館にある社会の本と理科の本の冊数の比は、7：3で、その差は96冊です。それぞれの冊数を求めましょう。

社会＿＿＿＿＿＿　理科＿＿＿＿＿＿

3．すとサラダ油を3：7の割合でまぜて、ドレッシングを500mLつくりました。それぞれ何mLでしょう。

す＿＿＿＿＿＿　油＿＿＿＿＿＿

4．840m² の広場を、花だんと菜園の広さの割合が3：4になるようにつくりかえます。それぞれの面積は何m² でしょう。

花だん＿＿＿＿＿＿　菜園＿＿＿＿＿＿

5．18Lのガソリンで140km走る車は、90Lのガソリンで何km進むでしょう。

＿＿＿＿＿＿

6．高さ1.5mの人のかげが1.2mのとき、かげが5.2mの木の高さは何mでしょう。

＿＿＿＿＿＿

比　連比（れんぴ）

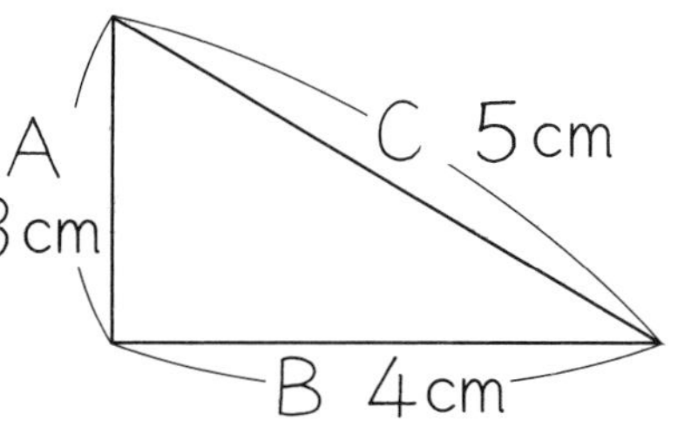

3つの辺A、B、Cは、3cm、4cm、5cmです。

この三角形の3つの辺の比は、3：4：5と表します。
（この三角形は直角三角形です。）

3：4：5を連比といいます。

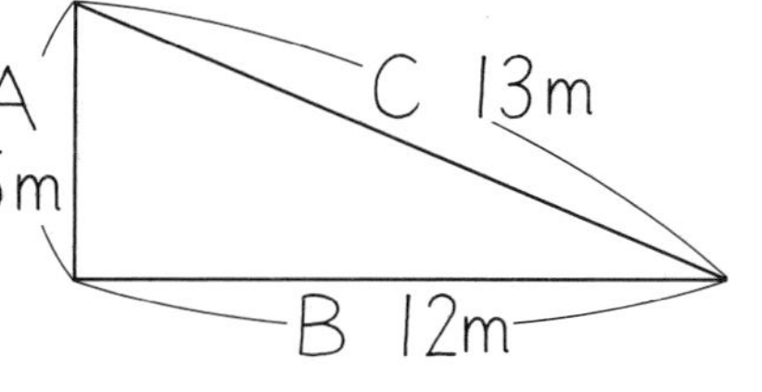

左の三角形のA：B：Cの比はわかりますか。

5：12：13です。
この三角形も直角三角形ですか。

そうです。直角三角形です。では、この三角形の比を変えずに、Aの辺を10mにすると、BとCの辺はそれぞれ何mになるでしょうか。

A：B：C＝10m：Ⓑ：Ⓒ

Aの辺は、5mから10mになったので、このようになると思います。

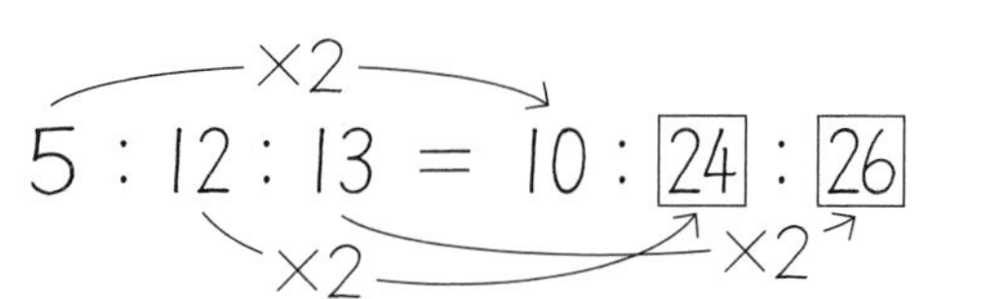

AとBとCの3人が持っているビー玉の比は、A：B＝2：3、B：C＝3：4です。A：B：Cの連比を求めましょう。

Bは2回でてくるので、次のように比をならべてみると、3が共通ですから

A：B：C
2：3
　　3：4
2：3：4

となりますね。

これは簡単です。では、B：C＝4：5ならどうでしょうか。

A：B：C
2：3
　　4：5

Bの3と4が同じ数になればいいのだけれどなあ。
そうだ。3と4の最小公倍数にすればいい。
12だ！

そうすると、2：3＝□：12、4：5＝12：□から
A：B＝8：12、B：C＝12：15となって
A：B：C＝8：12：15です。

そのとおりです。
A：B＝4：5、A：C＝6：1なら次のようになります。

B：A：C
5：4
　　6：1
15：12：2　　A：B：C＝12：15：2

23 比 連比(れんぴ) ①

名前

1. A：B＝2：3、B：C＝5：6のとき、A：B：Cの連比を求めましょう。

2. A：B＝4：5、B：C＝10：9のとき、A：B：Cの連比を求めましょう。

3. A：B＝5：6、B：C＝9：10のとき、A：B：Cの連比を求めましょう。

4. A：B＝$\frac{2}{3}$：$\frac{1}{4}$、B：C＝$\frac{1}{5}$：$\frac{1}{3}$のとき、A：B：Cの連比を求めましょう。（整数の比になおしてから連比を求めましょう。）

5. A：B＝$\frac{3}{4}$：$\frac{1}{3}$、B：C＝$\frac{1}{6}$：$\frac{1}{5}$のとき、A：B：Cの連比を求めましょう。（整数の比になおしてから連比を求めましょう。）

6. A：B＝$\frac{1}{6}$：$\frac{3}{4}$、B：C＝$\frac{3}{5}$：$\frac{1}{3}$のとき、A：B：Cの連比を求めましょう。（整数の比になおしてから連比を求めましょう。）

24 比 連比（れんぴ）②

名前

1．A：B＝3：2、A：C＝5：4のとき、A：B：Cの連比を求めましょう。

2．A：B＝6：5、A：C＝3：2のとき、A：B：Cの連比を求めましょう。

3．A：C＝3：4、B：C＝5：6のとき、A：B：Cの連比を求めましょう。

4．A：B＝0.4：0.5、A：C＝0.3：0.7のとき、A：B：Cの連比を求めましょう。（整数の比になおしてから連比を求めましょう。）

5．A：C＝0.5：0.3、B：C＝0.4：0.9のとき、A：B：Cの連比を求めましょう。（整数の比になおしてから連比を求めましょう。）

6．A：C＝$\frac{3}{4}$：$\frac{1}{5}$、B：C＝$\frac{1}{2}$：$\frac{2}{7}$のとき、A：B：Cの連比を求めましょう。（整数の比になおしてから連比を求めましょう。）

まとめのテスト　比 ①

☆ 文章題は1問10点です ☆　　名前

1．次の比を簡単な整数の比にしましょう。(5×5)

① 12：9

② 8：20

③ 50：25

④ 14：49

⑤ 15：12：9

2．□にあてはまる数を求めましょう。(5×5)

① 5：15 = □：3

② 2：5 = □：50

③ 70：21 = □：3

④ 24：32 = 3：□

⑤ 2：7 = 6：□

3．弟は800円、兄は1200円持っています。2人の持っているお金を簡単な比で表しましょう。

4．縦16cm、横24cmの長方形があります。縦と横の長さを簡単な比で表しましょう。

5．縦と横の比が、4：7の長方形の畑があります。縦の長さは20mです。横は何mでしょう。

6．A組の男子と女子の人数の比は、6：5です。男子は18人です。女子は何人でしょうか。

7．三角形の底辺と高さの比は、8：5です。高さは10cmです。底辺は何cmでしょう。

まとめのテスト　比 2

☆ 文章題は１問 10 点です ☆

名前＿＿＿＿＿＿

1．＿＿の指示にしたがって、比の数字を変えましょう。（5×5）

①　9：7（×4）＝

②　4：9（×7）＝

③　12：15（÷3）＝

④　24：16（÷8）＝

⑤　2.5：4.5（÷0.5）＝

2．次の比を簡単な整数の比にしましょう。（5×3）

①　15：35　＝

②　42：30　＝

③　1.4：2.1　＝

3．□にあてはまる数を求めましょう。（5×2）

①　15：20 ＝ □：4

②　64：40 ＝　8　：□

4．縦と横の長さの比が６：５の長方形の菜園があります。
縦の長さは30mです。横は何mでしょう。

＿＿＿＿

5．立っている２mのポールのかげは、1.5mです。
かげの長さが９mのセンターポールの高さは何mでしょう。

＿＿＿＿

6．長さ40mのロープを３：５に分けます。
長い方のロープは何mでしょう。

＿＿＿＿

7．私が200円、姉が400円をだして、えんぴつを１ダース買いました。
だしたお金の割合でえんぴつを分けました。私の分は何本でしょう。

＿＿＿＿

8．えんぴつ１ダースと色えんぴつ１ダースを買うと1000円です。えんぴつと色えんぴつの代金の比は２：３です。それぞれの代金を求めましょう。

えんぴつ＿＿＿＿　色えんぴつ＿＿＿＿

まとめのテスト　比 3

☆ 文章題は1問10点です ☆　　名前

1．次の比を簡単な整数の比にしましょう。(5×5)

① 4.2：2.4

② 1.4：3.5

③ 7：2.1

④ 0.9：1.5

⑤ 2.4：1.6：1.2

2．□にあてはまる数を求めましょう。(5×5)

① 3.9：1.3 = □：1

② 2.4：3.2 = □：4

③ 3.3：5.5 = 3：□

④ 0.9：2.4 = 3：□

⑤ 1.2：2.1：2.4 = □：7：8

3．縦と横の長さの比が5：4の長方形のバラ園があります。
横は60m です。縦は何 m でしょう。

4．リボンを5：7の割合で切りました。長い方は42cm です。
短い方は何 cm でしょう。

5．映画会の観客数の男女比は7：8です。男は420人です。
女は何人でしょう。

6．長方形のスポーツ広場の縦と横の長さの比は3：4です。縦は90m です。
スポーツ広場の周囲を一周すると何 m でしょう。

7．縦と横の長さの比が5：8の長方形があります。横は40cm です。
この長方形の面積は何 cm^2 でしょう。

まとめのテスト　比 4

☆ 文章題は1問10点です ☆

名前 ＿＿＿＿＿＿＿＿

1．次の比を簡単な整数の比にしましょう。（5 × 10）

① $\frac{2}{3} : \frac{1}{2}$

② $\frac{3}{4} : \frac{2}{5}$

③ $\frac{5}{6} : \frac{2}{3}$

④ $\frac{1}{3} : \frac{7}{9}$

⑤ $\frac{3}{4} : \frac{1}{6}$

⑥ $\frac{1}{6} : \frac{2}{9}$

⑦ $\frac{3}{10} : \frac{3}{5}$

⑧ $\frac{5}{7} : \frac{5}{14}$

⑨ $\frac{5}{8} : \frac{5}{12}$

⑩ $\frac{7}{6} : \frac{7}{8}$

2．底辺と高さの比が5：3の三角形があります。底辺は10cmです。
この三角形の面積は何cm^2でしょう。

＿＿＿＿＿＿

3．縦と横の長さの比が5：6の長方形があります。縦は15cmです。
この長方形の周りは何cmでしょう。

＿＿＿＿＿＿

4．40mのロープを3：5になるように切りました。
それぞれ何mでしょう。

＿＿＿＿＿＿　＿＿＿＿＿＿

5．一周すると40mの長方形の池があります。縦と横の比は2：3です。
それぞれ何mでしょう。

縦＿＿＿＿＿＿　横＿＿＿＿＿＿

6．3辺の比が3：4：5の直角三角形があります。いちばん長い辺は15cmです。残りの2つの辺はそれぞれ何cmでしょう。

＿＿＿＿＿＿　＿＿＿＿＿＿

まとめのテスト　比 5

☆ 文章題は1問10点です ☆　　名前＿＿＿＿＿＿

1．次の比を簡単な整数の比にしましょう。(5 × 10)

① $\frac{3}{5} : \frac{2}{3}$

② $\frac{3}{4} : \frac{5}{12}$

③ $\frac{2}{9} : \frac{1}{12}$

④ $\frac{5}{6} : 5$

⑤ $3 : \frac{3}{4}$

⑥ $\frac{4}{3} : \frac{4}{7}$

⑦ $\frac{5}{12} : \frac{5}{4}$

⑧ $\frac{3}{10} : 0.9$

⑨ $1.2 : \frac{4}{5}$

⑩ $8 : 2\frac{2}{5}$

2．上底と下底の比が3：5の台形があります。下底は10cmで高さは7cmです。面積は何cm²でしょう。

＿＿＿＿＿＿

3．赤いカードと青いカードが合わせて1000枚あります。赤いカードと青いカードの枚数の割合は5：3です。それぞれ何枚でしょう。

赤＿＿＿＿＿＿　青＿＿＿＿＿＿

4．5年生が18人、6年生が12人います。120本のえんぴつを人数の比で分けると、それぞれ何本でしょう。

5年生＿＿＿＿＿＿　6年生＿＿＿＿＿＿

5．急行電車は5分で7km進みます。この速さで1時間走ると何km進むでしょう。

＿＿＿＿＿＿

6．5Lが300円の灯油を18L買うと何円でしょう。

＿＿＿＿＿＿

まとめのテスト　比 6

☆ 文章題は1問10点です ☆

名前 ＿＿＿＿＿＿＿＿

1．内項の積＝外項の積を使って、□を求めましょう。(5×10)

① 2：6 ＝ □：12

② 7：2 ＝ □：10

③ 6：4 ＝ 9：□

④ 6：7 ＝ 18：□

⑤ 0.8：1.2 ＝ □：3

⑥ 5：15 ＝ □：4.5

⑦ 2：1.2 ＝ 5：□

⑧ 2.4：1.8 ＝ 4：□

⑨ 1.6：1.2 ＝ □：0.6

⑩ 0.7：0.9 ＝ 2.1：□

2．5時間で2m^3のガスを使用する工場は、7時間で何m^3のガスを使用するでしょう。

＿＿＿＿＿

3．1年生16人と2年生24人に、人数の比で色紙を配ります。色紙は240枚あります。それぞれ何枚になるでしょう。

1年生＿＿＿＿＿　2年生＿＿＿＿＿

4．ロープを5：7になるように切りました。短い方は25mです。
長い方は何mでしょう。

＿＿＿＿＿

5．90cmのリボンを7：8に切りました。
それぞれ何cmでしょう。

＿＿＿＿＿　＿＿＿＿＿

6．500枚で1.5kgの紙は、300枚では何kgでしょう。

＿＿＿＿＿

まとめのテスト　比 ⑦

☆ 文章題は1問10点です ☆

名前

1．内項の積＝外項の積を使って、□を求めましょう。(5×5)

① 30：7 ＝ □：28

② 24：16 ＝ □：4

③ 18：15 ＝ □：5

④ 5：2 ＝ 35：□

⑤ 24：40 ＝ 3：□

2．次の比を簡単な整数の比にしましょう。(5×5)

① 40：8

② 75：45

③ 24：32

④ 28：63

⑤ 60：36

3．妹と父の体重の比は2：5で、妹の体重は24kgです。父の体重は何kgでしょう。

4．私と姉の身長の比は3：4で、姉の身長は156cmです。私の身長は何cmでしょう。

5．縦と横の長さの比が5：8の長方形の畑があります。横の方が18m長い畑です。縦の長さは何mでしょう。

6．5冊の厚さが3cmの本が、42cmの高さに積み重ねられています。本は何冊でしょう。

7．500枚で4.5cmの用紙があります。何枚か使ったので2.7cmになりました。残っているのは何枚でしょう。

まとめのテスト　比 8

名前＿＿＿＿＿＿＿＿

1．次の比を簡単な整数の比にしましょう。(5 × 10)

① $0.9 : 0.6 =$

② $0.6 : 2.1 =$

③ $1.6 : 1.2 =$

④ $1.8 : 2.4 =$

⑤ $2.4 : 3.2 =$

⑥ $4.5 : 3 =$

⑦ $\frac{1}{5} : \frac{1}{6} =$

⑧ $\frac{2}{9} : \frac{5}{6} =$

⑨ $\frac{5}{12} : \frac{5}{9} =$

⑩ $\frac{7}{20} : \frac{7}{12} =$

2．4分で1.2kmを走る自転車で、5分走ると何km進むでしょう。(10)

＿＿＿＿＿＿

3．AとBとCの3人で100枚の色紙を分けます。

　分ける割合は、AとBは5：2、BとCは3：2になるように分けます。A：B：Cの連比を求めましょう。それぞれ何枚ずつに分けたでしょう。(20)

連比＿＿＿＿＿＿　A＿＿＿＿　B＿＿＿＿　C＿＿＿＿

4．縦と横の長さの比が2：3の長方形の広場があります。広場の中央には、1辺が12mの正方形の池があります。池の1辺と広場の縦の比は2：5です。広場の縦・横の長さと面積を求めましょう。池の面積も求めましょう。(20)

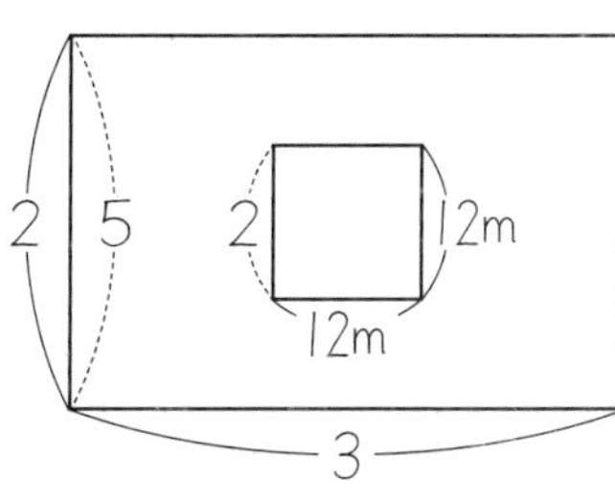

縦＿＿＿＿　横＿＿＿＿　広場＿＿＿＿　池＿＿＿＿

まとめのテスト　比 ⑨

☆ 文章題は１問10点です ☆

名前 ＿＿＿＿＿＿＿＿

１．内項の積＝外項の積を使って、□を求めましょう。(5 × 10)

① 15：25 ＝ □：5

② 7：12 ＝ □：24

③ 24：28 ＝ 6：□

④ 16：40 ＝ 2：□

⑤ 0.3：0.7 ＝ □：28

⑥ 1.2：0.8 ＝ □：0.2

⑦ 2.4：1.6 ＝ 6：□

⑧ 1.6：4 ＝ 0.4：□

⑨ 2.1：0.6 ＝ □：0.2

⑩ 3：4.5 ＝ 6：□

２．6cmで28gの針金は、45cmでは何gになるでしょう。

３．3時間で420km走る特急電車は、5時間で何km走るでしょう。

４．56人を3：4の割合で分けると、何人と何人になるでしょう。

５．食塩と水の量の比が2：7の食塩水が720gあります。
食塩は何gでしょう。

６．縦と横の長さの比が7：4の長方形があります。
縦は63mです。横は何mでしょう。

答 え

P. 3

1\. ① 19÷188＝0.101 → 0.1　　<u>0.1</u>　<u>10%</u>

② 57÷188＝0.303 → 0.3　　<u>0.3</u>　<u>30%</u>

③ 71÷188＝0.377（8） → 0.38　　<u>0.38</u>　<u>38%</u>

2\.

四国地方の県の面積

県 名	面積（百km²）	割合	百分率（%）
徳 島	41	0.22	22
香 川	19	0.1	10
愛 媛	57	0.3	30
高 知	71	0.38	38
合 計	188	1	100

3\.

高知	愛媛	徳島	香川

0　10　20　30　40　50　60　70　80　90　100%

P. 4

種 目	定員（人）	会員数（人）	割 合	百分率（%）
テニス	40	34	0.85	85
バスケット	25	21	0.84	84
バドミントン	15	12	0.8	80

① 34÷40＝0.85　　<u>0.85</u>　<u>85%</u>

② 21÷25＝0.84　　<u>0.84</u>　<u>84%</u>

③ 12÷15＝0.8　　<u>0.8</u>　<u>80%</u>

P. 5

P. 6

1\.

乗り物	台数（台）	割 合	百分率（%）
乗 用 車	86	0.43	43
バ イ ク	44	0.22	22
ト ラ ッ ク	28	0.14	14
自 転 車	24	0.12	12
バ ス	8	0.04	4
そ の 他	10	0.05	5
計	200	1	100

2\.

県 名	世帯数（万）	割合	百分率（%）
宮 城	85	0.25	25
福 島	71	0.21	21
青 森	55	0.16	16
岩 手	49	0.14	14
秋 田	41	0.12	12
山 形	39	0.11	11
計	340	0.99	99

P. 7

1\. みかんの主生産県・上位５県（2001年）

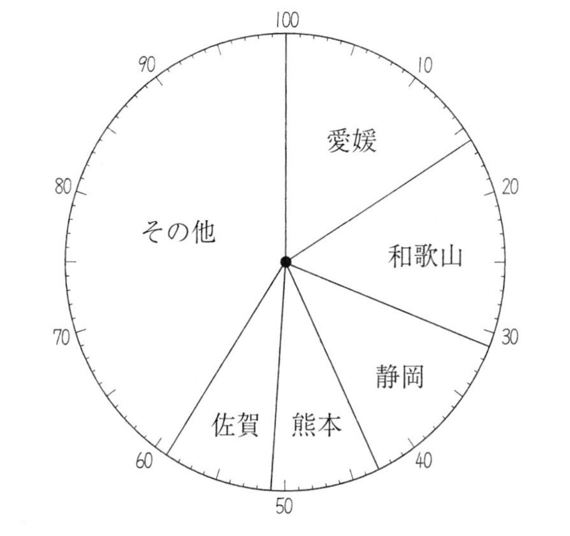

2.　かきの主生産県・上位５県（2001年）

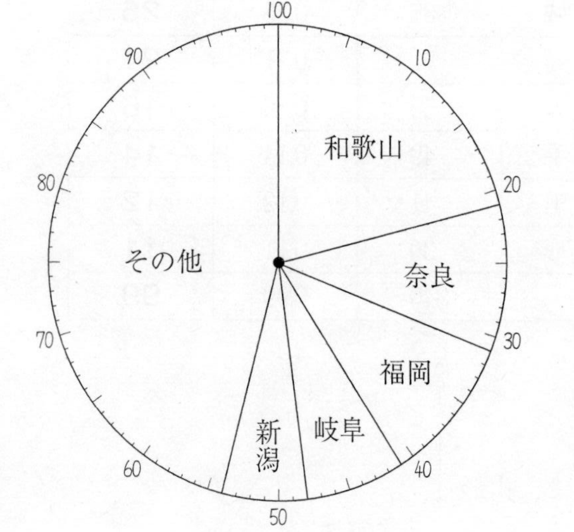

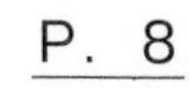

P. 8

1. 絵本………24%　事典・図かん…21%　科学………19%
   物語………17%　伝記……………５%
2. 野球選手…22%　サッカー選手…21%　先生………19%
   歌手………９%　飛行士…………５%
3. ①

スポーツ名	人数（人）	百分率（%）
サッカー	81	**27**
野球	66	**22**
バスケット	42	**14**
テニス	33	**11**
バレーボール	24	**8**
ラグビー	9	**3**
その他	45	**15**
合計	300	100

②

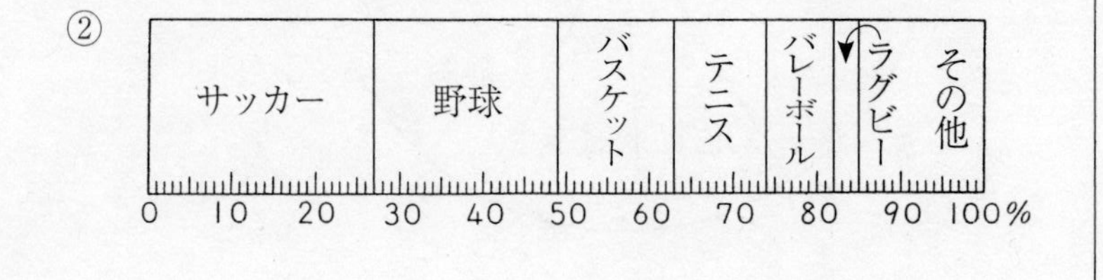

③

サッカー
野球
バスケット
テニス
バレーボール
ラグビー
その他

P. 9

1. ① 天びん座　27%　水がめ座　22%　おとめ座　21%
   さそり座　８%　やぎ座　８%　ふたご座　５%
   ② 天びん座　200×0.27＝54　<u>54人</u>
   水がめ座　200×0.22＝44　<u>44人</u>
   おとめ座　200×0.21＝42　<u>42人</u>
   やぎ座　200×0.08＝16　<u>16人</u>
2. ①

食べ物	人数（人）	百分率（%）
カレーライス	42	**28**
ハンバーグ	36	**24**
スパゲッティー	30	**20**
たこやき	18	**12**
オムライス	9	**6**
その他	15	**10**
合計	150	100

②

③

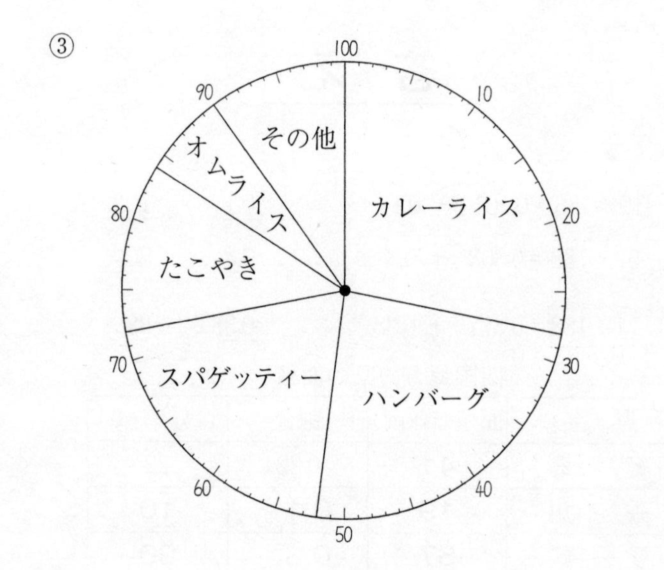

P. 11

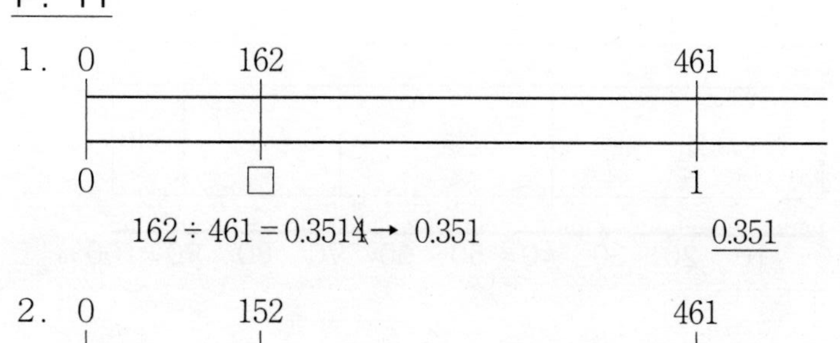

1. 0　162　461 / 0　□　1
   162÷461＝0.3514 → 0.351　<u>0.351</u>
2. 0　152　461 / 0　□　1
   152÷461＝0.3297 (30) → 0.330　<u>0.330</u>
3. 0　131　409 / 0　□　1
   131÷409＝0.3202 → 0.320　<u>0.320</u>
4. 0　134　425 / 0　□　1
   134÷425＝0.3152 → 0.315　<u>0.315</u>

P. 12

1\.

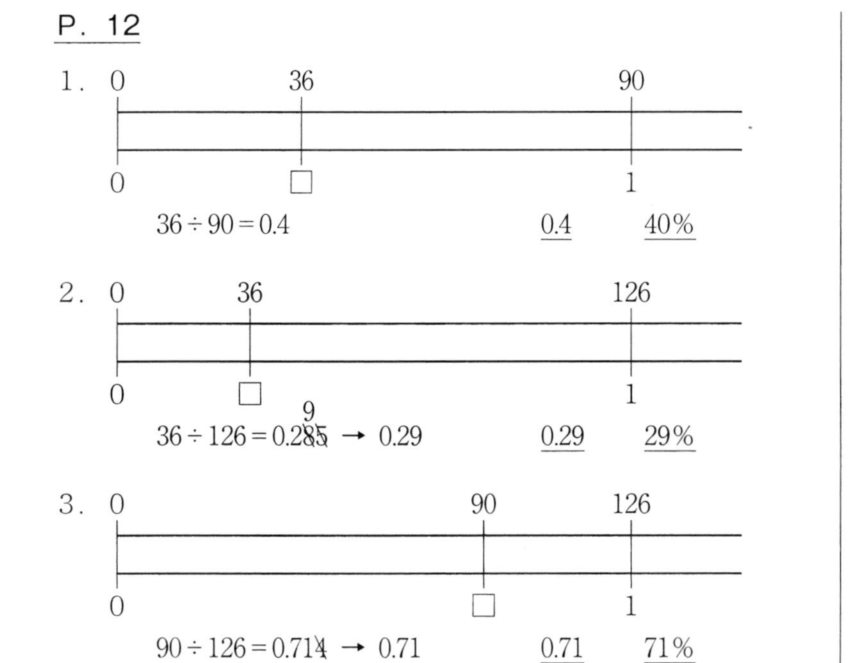

36 ÷ 90 = 0.4　　0.4　　40%

2\.

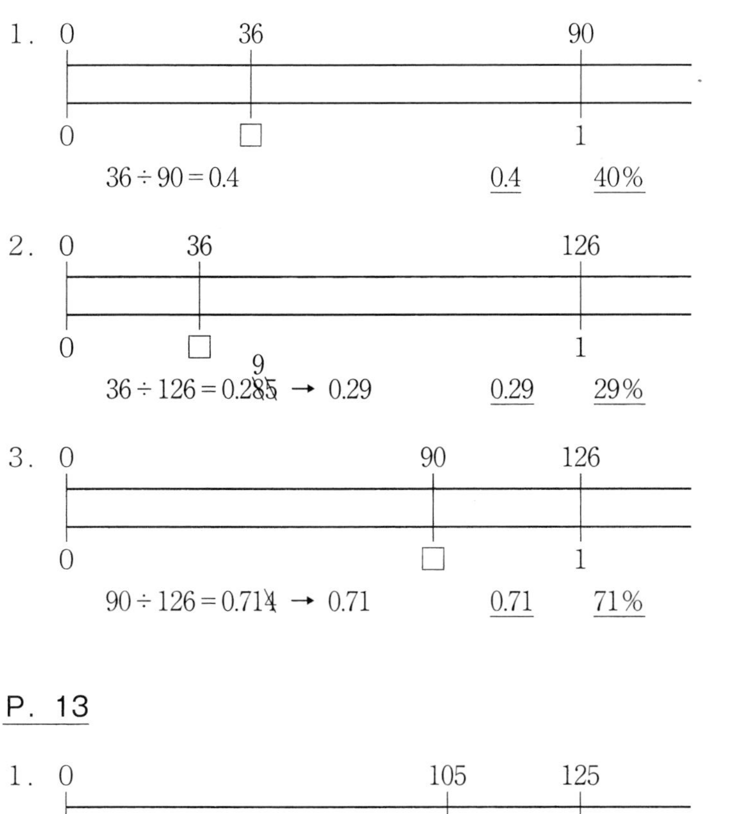

36 ÷ 126 = 0.285（9）→ 0.29　　0.29　　29%

3\.

90 ÷ 126 = 0.714 → 0.71　　0.71　　71%

P. 13

1\.

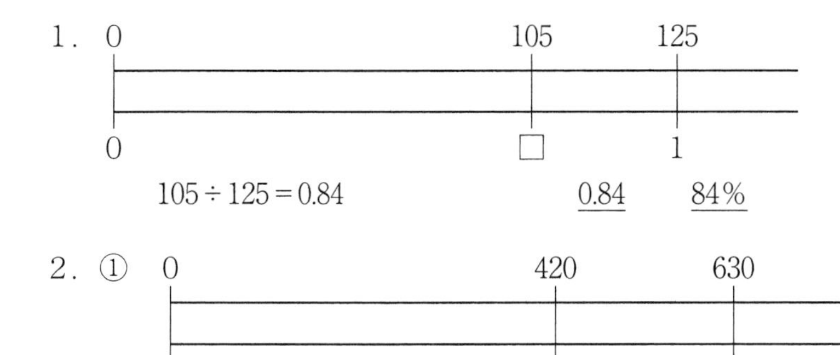

105 ÷ 125 = 0.84　　0.84　　84%

2\. ①

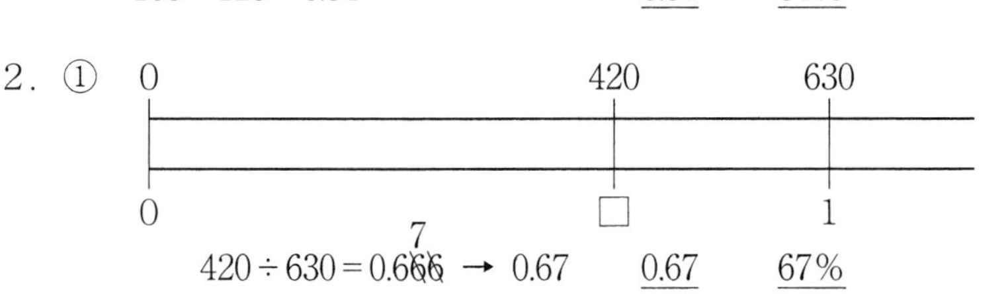

420 ÷ 630 = 0.666（7）→ 0.67　　0.67　　67%

②

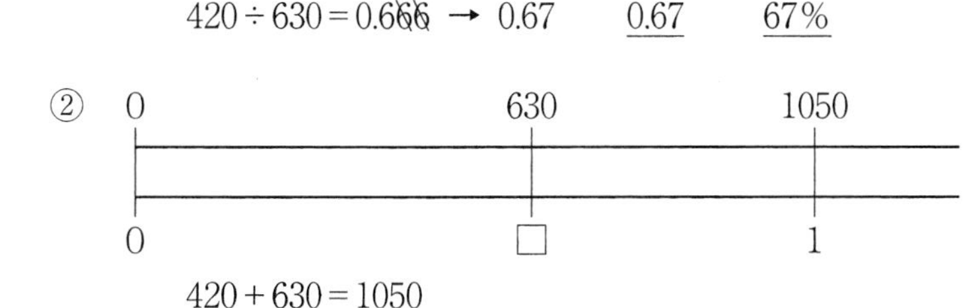

420 + 630 = 1050
630 ÷ 1050 = 0.6　　0.6　　60%

3\.

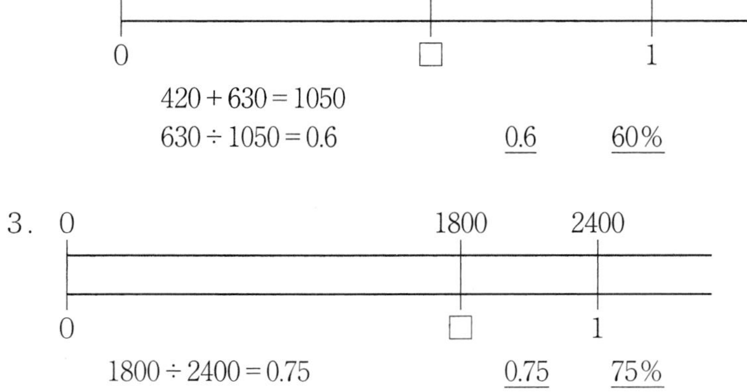

1800 ÷ 2400 = 0.75　　0.75　　75%

4\.

36 ÷ 68 = 0.529（3）→ 0.53　　0.53　　53%

5\.

680 ÷ 960 = 0.708（1）→ 0.71　　0.71　　71%

P. 14

1\. ①

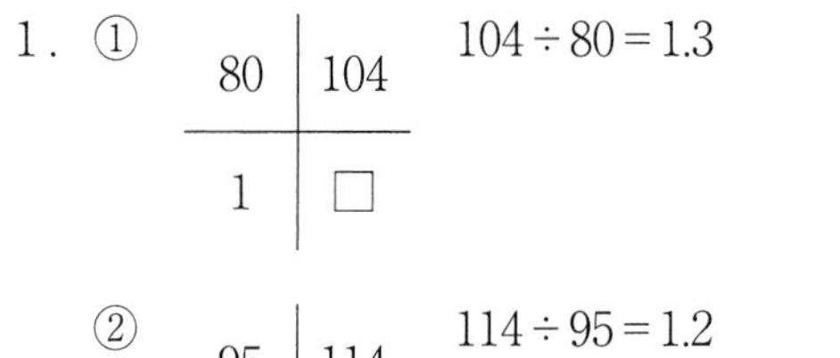

104 ÷ 80 = 1.3　　130%

②

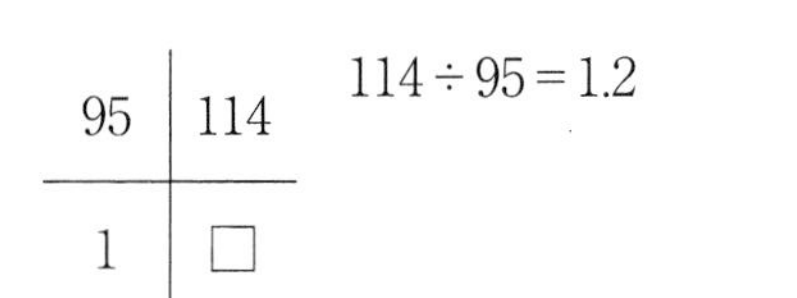

114 ÷ 95 = 1.2　　120%

2\.

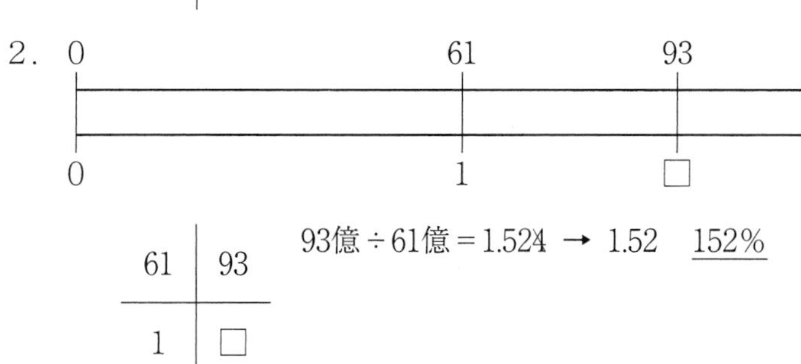

93億 ÷ 61億 = 1.524 → 1.52　　152%

P. 15

	食　塩（g）	水（g）	食塩水（g）
Ⓐ	30	220	**250**
Ⓑ	21	129	**150**

1\. Ⓐ

30 + 220 = 250　　250g
30 ÷ 250 = 0.12　　12%

Ⓑ

21 + 129 = 150　　150g
21 ÷ 150 = 0.14　　14%

2\. 53億 ÷ 62億 = 0.854 → 0.85　　85%

3\. 750 − 15 = 735
735 ÷ 750 = 0.98　　98%

4\. 280 − 14 = 266
266 ÷ 280 = 0.95　　95%

5\. 79千 − 21千 = 58千
58千 ÷ 79千 = 0.734 → 0.73　　73%

P. 16

① 0.1 = 10% = 1割
② 0.15 = 15% = 1割5分
③ 0.5 = 50% = 5割
④ 0.33 = 33% = 3割3分
⑤ 0.72 = 72% = 7割2分
⑥ 0.99 = 99% = 9割9分
⑦ 1 = 100% = 10割
⑧ 0.48 = 48% = 4割8分
⑨ 0.07 = 7% = 7分
⑩ 1.52 = 152% = 15割2分

P. 17

① 9 ÷ 12 = 0.75　　7割5分
② 155 ÷ 250 = 0.62　　6割2分
③ 180 ÷ 150 = 1.2　　12割
④ 8.4 ÷ 3.5 = 2.4　　24割
⑤ 36 ÷ 90 = 0.4　　4割
⑥ 306 ÷ 450 = 0.68　　6割8分
⑦ 119 ÷ 350 = 0.34　　3割4分
⑧ 27 ÷ 36 = 0.75　　7割5分

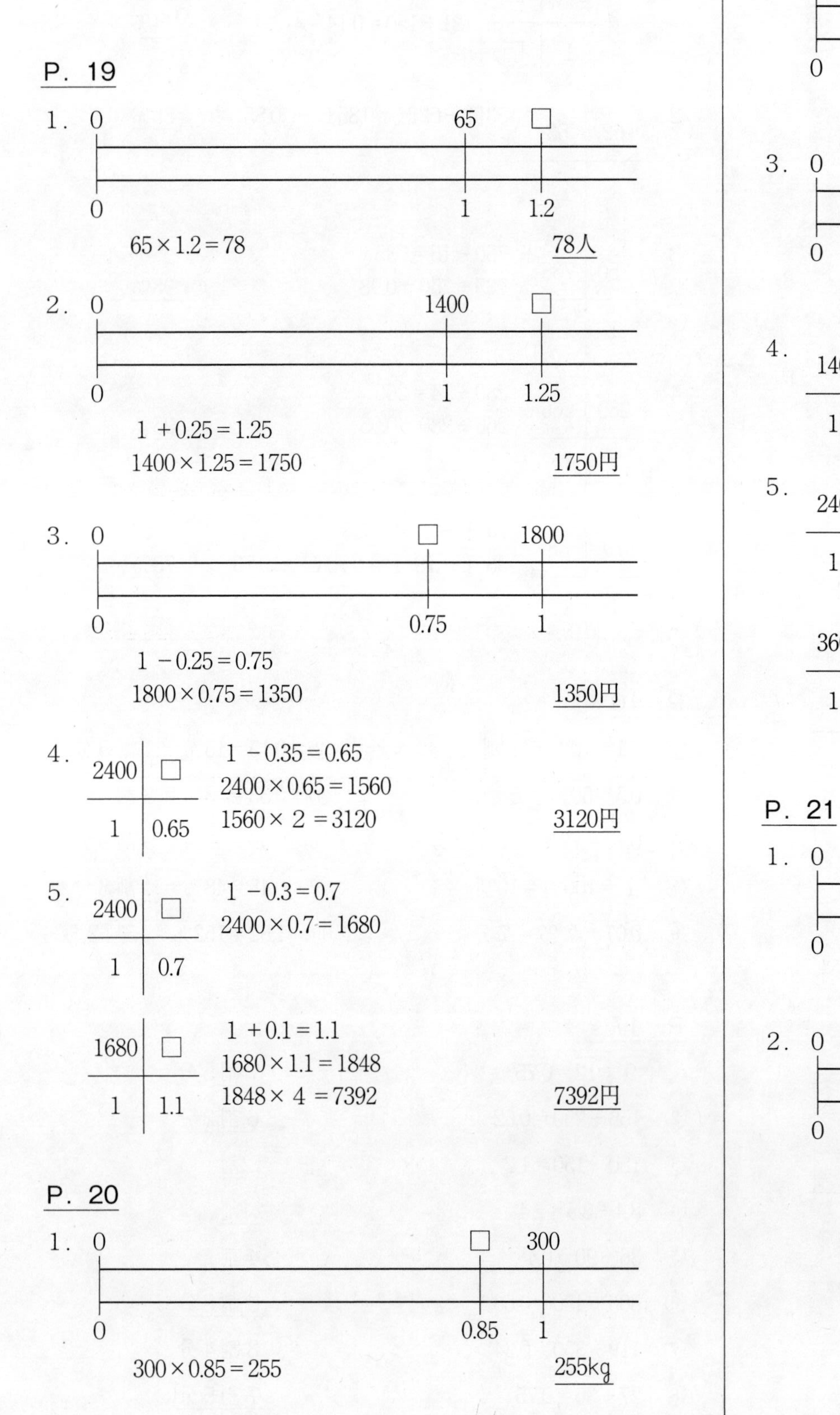

⑨　189÷420＝0.45　　4割5分

P. 19

1. 0　65　□ / 0　1　1.2

65×1.2＝78　　78人

2. 0　1400　□ / 0　1　1.25

1＋0.25＝1.25
1400×1.25＝1750　　1750円

3. 0　□　1800 / 0　0.75　1

1－0.25＝0.75
1800×0.75＝1350　　1350円

4.

2400	□
1	0.65

1－0.35＝0.65
2400×0.65＝1560
1560×2＝3120　　3120円

5.

2400	□
1	0.7

1－0.3＝0.7
2400×0.7＝1680

1680	□
1	1.1

1＋0.1＝1.1
1680×1.1＝1848
1848×4＝7392　　7392円

P. 20

1. 0　□　300 / 0　0.85　1

300×0.85＝255　　255kg

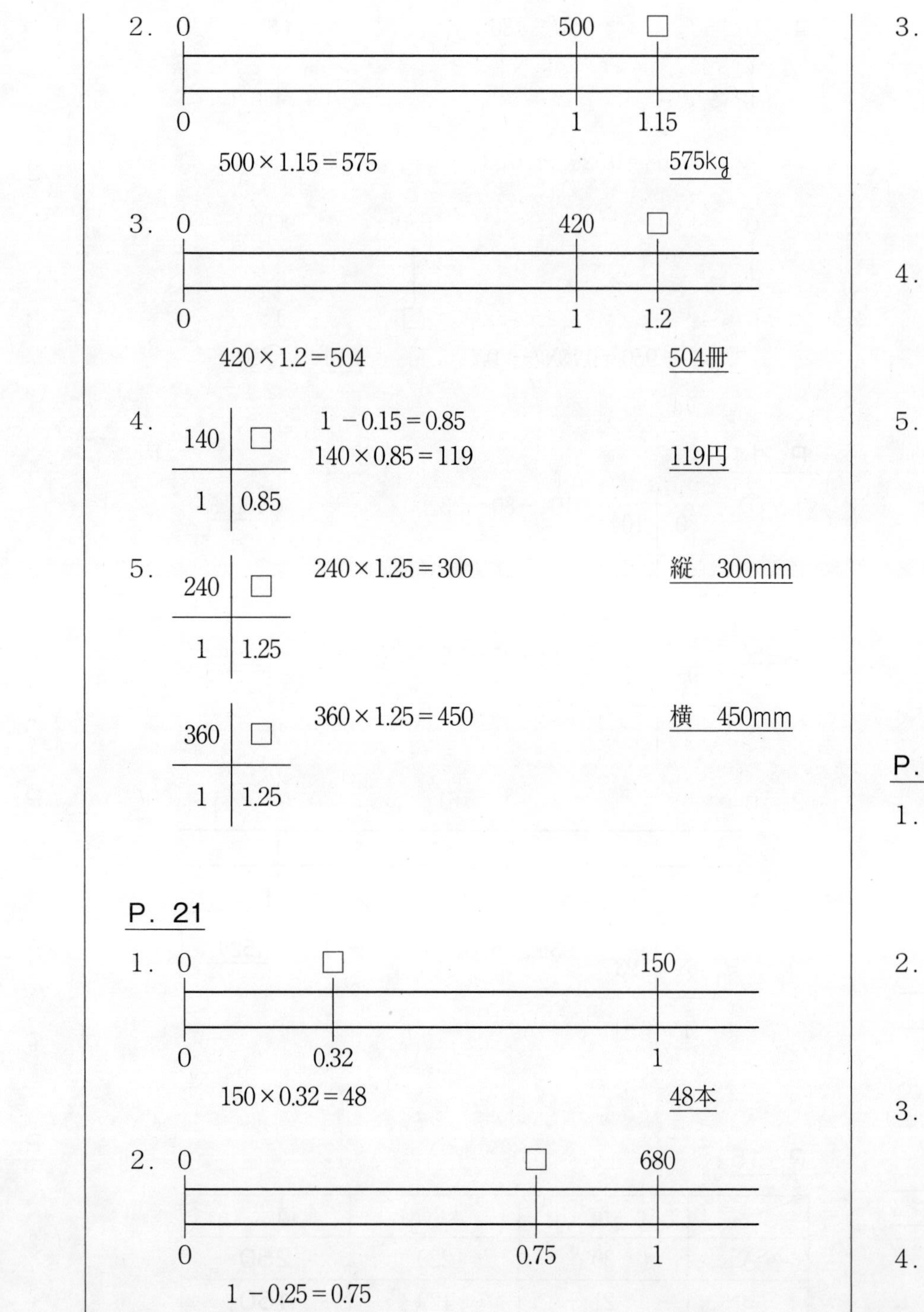

2. 0　500　□ / 0　1　1.15

500×1.15＝575　　575kg

3. 0　420　□ / 0　1　1.2

420×1.2＝504　　504冊

4.

140	□
1	0.85

1－0.15＝0.85
140×0.85＝119　　119円

5.

240	□
1	1.25

240×1.25＝300　　縦　300mm

360	□
1	1.25

360×1.25＝450　　横　450mm

P. 21

1. 0　□　150 / 0　0.32　1

150×0.32＝48　　48本

2. 0　□　680 / 0　0.75　1

1－0.25＝0.75
680×0.75＝510　　510円

3. 0　2300万　□ / 0　1　1.1

1＋0.1＝1.1
2300万×1.1＝2530万　　2530万円

4.

680	□
1	0.45

1－0.55＝0.45
680×0.45＝306　　306人

5.

800	□
1	0.75

800×0.75＝600　　①　600m²

600	□
1	0.24

600×0.24＝144　　②　144m²

P. 23

1.

□	65
1	0.26

65÷0.26＝250　　250m²

2.

□	360
1	0.75

360÷0.75＝480　　480円

3.

□	1900
1	0.76

1900÷0.76＝2500　　2500本

4.

□	42
1	0.35

42÷0.35＝120　　120打数

5.

□	170
1	0.25

170÷0.25＝680　　680個

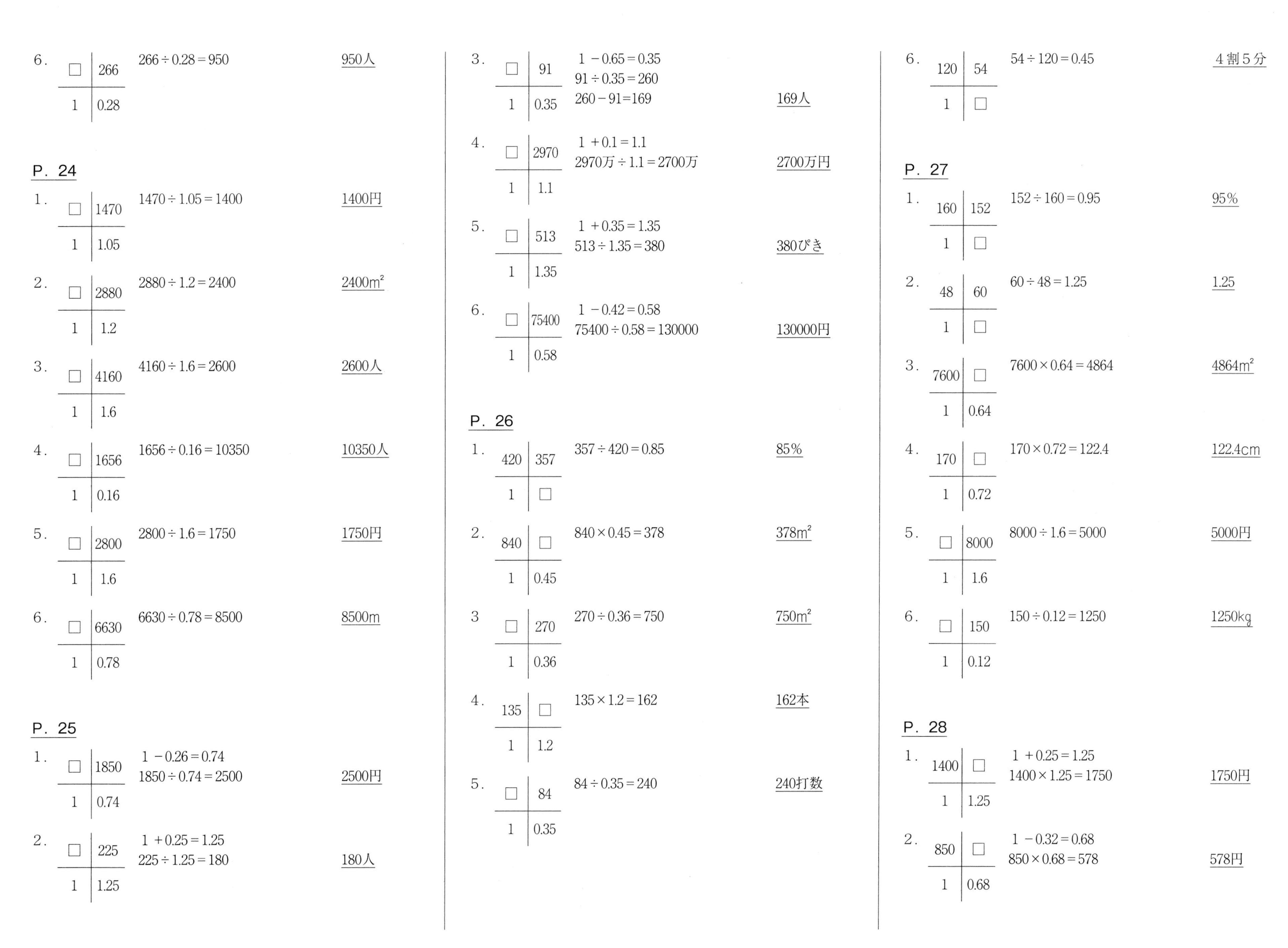

6.

□	266
1	0.28

$266 \div 0.28 = 950$ 　950人

P. 24

1.

□	1470
1	1.05

$1470 \div 1.05 = 1400$ 　1400円

2.

□	2880
1	1.2

$2880 \div 1.2 = 2400$ 　$2400m^2$

3.

□	4160
1	1.6

$4160 \div 1.6 = 2600$ 　2600人

4.

□	1656
1	0.16

$1656 \div 0.16 = 10350$ 　10350人

5.

□	2800
1	1.6

$2800 \div 1.6 = 1750$ 　1750円

6.

□	6630
1	0.78

$6630 \div 0.78 = 8500$ 　8500m

P. 25

1.

□	1850
1	0.74

$1 - 0.26 = 0.74$
$1850 \div 0.74 = 2500$ 　2500円

2.

□	225
1	1.25

$1 + 0.25 = 1.25$
$225 \div 1.25 = 180$ 　180人

3.

□	91
1	0.35

$1 - 0.65 = 0.35$
$91 \div 0.35 = 260$
$260 - 91 = 169$ 　169人

4.

□	2970
1	1.1

$1 + 0.1 = 1.1$
2970万 $\div 1.1 =$ 2700万 　2700万円

5.

□	513
1	1.35

$1 + 0.35 = 1.35$
$513 \div 1.35 = 380$ 　380ぴき

6.

□	75400
1	0.58

$1 - 0.42 = 0.58$
$75400 \div 0.58 = 130000$ 　130000円

P. 26

1.

420	357
1	□

$357 \div 420 = 0.85$ 　85%

2.

840	□
1	0.45

$840 \times 0.45 = 378$ 　$378m^2$

3

□	270
1	0.36

$270 \div 0.36 = 750$ 　$750m^2$

4.

135	□
1	1.2

$135 \times 1.2 = 162$ 　162本

5.

□	84
1	0.35

$84 \div 0.35 = 240$ 　240打数

6.

120	54
1	□

$54 \div 120 = 0.45$ 　４割５分

P. 27

1.

160	152
1	□

$152 \div 160 = 0.95$ 　95%

2.

48	60
1	□

$60 \div 48 = 1.25$ 　1.25

3.

7600	□
1	0.64

$7600 \times 0.64 = 4864$ 　$4864m^2$

4.

170	□
1	0.72

$170 \times 0.72 = 122.4$ 　122.4cm

5.

□	8000
1	1.6

$8000 \div 1.6 = 5000$ 　5000円

6.

□	150
1	0.12

$150 \div 0.12 = 1250$ 　1250kg

P. 28

1.

1400	□
1	1.25

$1 + 0.25 = 1.25$
$1400 \times 1.25 = 1750$ 　1750円

2.

850	□
1	0.68

$1 - 0.32 = 0.68$
$850 \times 0.68 = 578$ 　578円

3．

3200	448
1	□

3648－3200＝448
448÷3200＝0.14　　14%

4．

4600	460
1	□

5060－4600＝460
460÷4600＝0.1　　10%

5．

□	196
1	0.35

1.35－1＝0.35
196÷0.35＝560　　560人

6．

□	700
1	0.35

1－0.65＝0.35
700÷0.35＝2000　　2000m

P．29

1．

150	102
1	□

102÷150＝0.68　　68%

2．

□	31.2
1	0.65

31.2÷0.65＝48　　48kg

3．

3800	□
1	1.1

1＋0.1＝1.1
3800×1.1＝4180　　4180円

4．

250	□
1	0.36

1－0.64＝0.36
250×0.36＝90　　90ページ

5．

840	798
1	□

798÷840＝0.95　　95%

6．

□	215
1	0.86

215÷0.86＝250　　250g

P．30

1．

□	990
1	0.55

990÷0.55＝1800　　1800円

2．

□	380
1	0.1

380÷0.1＝3800　　3800円

3．

□	960
1	0.24

960÷0.24＝4000　　4000冊

4．

280	□
1	0.55

1－0.45＝0.55
280×0.55＝154　　154m²

5．

350	□
1	1.2

350×1.2＝420　　420個

6．

1200	360
1	□

360÷1200＝0.3　　3割びき

P．31

1．

4800	□
1	0.35

1－0.65＝0.35
4800×0.35＝1680　　1680m²

2．

□	198
1	0.55

198÷0.55＝360　　360個

3．

320	576
1	□

576÷320＝1.8　　180%

4．

□	48
1	0.16

48÷0.16＝300　　300人

5．

400	260
1	□

400－140＝260
260÷400＝0.65　　65%

6．

3500	□
1	0.28

3500×0.28＝980　　980円

P．32

1．

400	□
1	1.15

1＋0.15＝1.15
400×1.15＝460　　460円

2．

450	□
1	0.42

1－0.58＝0.42
450×0.42＝189　　189個

3．

□	260
1	0.65

260÷0.65＝400　　400m²

4．

□	72
1	0.12

1－0.88＝0.12
72÷0.12＝600　　600人

5．

36	12.6
1	□

12.6万÷36万＝0.35　　3割5分

6．

1100	1815
1	□

1815÷1100＝1.65　　165%

P. 33

1.

3800	4750
1	□

4750 ÷ 3800 = 1.25　　125%

2.

1280	□
1	1.3

1280 × 1.3 = 1664　　1664人

3.

□	2150
1	0.86

1 − 0.14 = 0.86
2150 ÷ 0.86 = 2500　　2500円

4.

1600	□
1	0.85

1 − 0.15 = 0.85
1600 × 0.85 = 1360　　1360円

5.

□	57
1	0.38

57 ÷ 0.38 = 150　　150打数

6.

800	620
1	□

800 − 180 = 620
620 ÷ 800 = 0.775　　77.5%

P. 34

1. ①

1050	84
1	□

84 ÷ 1050 = 0.08　　8 %

②

3500	1050
1	□

1050 ÷ 3500 = 0.3　　30%

2. ①

36	□
1	0.35

36万 × 0.35 = 12.6万　　126000円

②

12.6	□
1	0.25

12.6万 × 0.25 = 3.15万　　31500円

3.

□	78
1	1.2

78万 ÷ 1.2 = 65万　　65万円

4.

□	78
1	0.65

78 ÷ 0.65 = 120　　120m

P. 35

1.

180	27
1	□

27 + 153 = 180
27 ÷ 180 = 0.15　　15%

2.

180	63
1	□

63 + 117 = 180
63 ÷ 180 = 0.35　　35%

3.

220	□
1	0.15

220 × 0.15 = 33　　33g

4.

240	□
1	0.35

240 × 0.35 = 84　　84g

5.

□	52
1	0.13

52 ÷ 0.13 = 400　　400g

6.

□	102
1	0.34

102 ÷ 0.34 = 300　　300g

P. 36

1. ①

3800	1330
1	□

3800 − 2470 = 1330
1330 ÷ 3800 = 0.35　　3割5分

②

3800	□
1	0.85

1 − 0.15 = 0.85
3800 × 0.85 = 3230
3230 − 2470 = 760　　760円

2. ①

3800	□
1	1.25

1 + 0.25 = 1.25
3800 × 1.25 = 4750　　4750円

②

4750	□
1	0.84

1 − 0.16 = 0.84
4750 × 0.84 = 3990
3990 − 3800 = 190　　190円

3. ①

6400	3520
1	□

6400 − 2880 = 3520
3520 ÷ 6400 = 0.55　　55%

②

6400	5600
1	□

6400 − 800 = 5600
5600 ÷ 6400 = 0.875　　87.5%

P. 37

1.

□	80
1	0.32

80 ÷ 0.32 = 250　　250m^2

2.

□	312
1	1.3

1 + 0.3 = 1.3
312 ÷ 1.3 = 240　　240枚

3.

□	156
1	0.65

156 ÷ 0.65 = 240
240 − 156 = 84　　84台

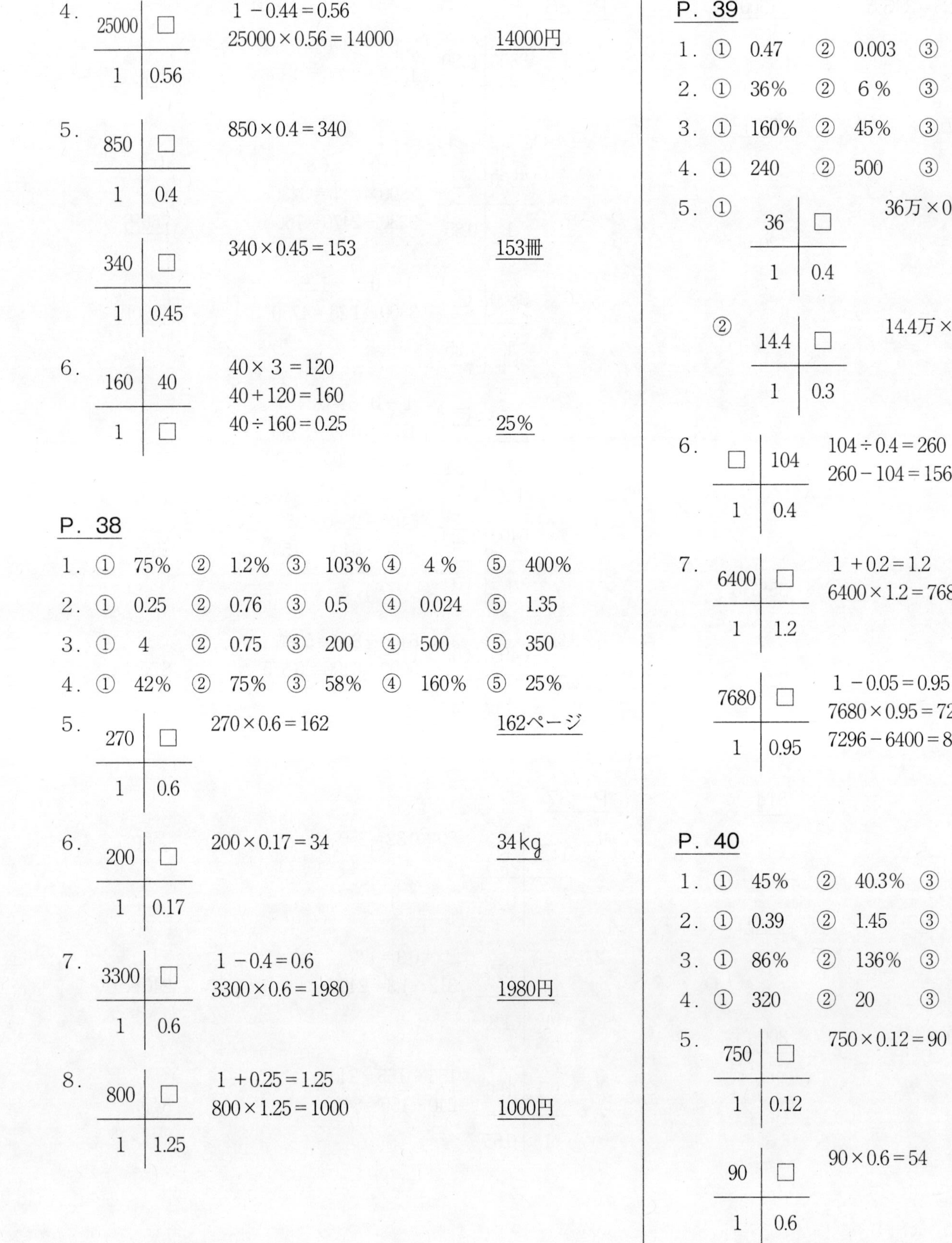

4．

25000	□
1	0.56

1 − 0.44 = 0.56
25000 × 0.56 = 14000　　14000円

5．

850	□
1	0.4

850 × 0.4 = 340

340	□
1	0.45

340 × 0.45 = 153　　153冊

6．

160	40
1	□

40 × 3 = 120
40 + 120 = 160
40 ÷ 160 = 0.25　　25%

P．38

1．① 75%　② 1.2%　③ 103%　④ 4％　⑤ 400%
2．① 0.25　② 0.76　③ 0.5　④ 0.024　⑤ 1.35
3．① 4　② 0.75　③ 200　④ 500　⑤ 350
4．① 42%　② 75%　③ 58%　④ 160%　⑤ 25%

5．

270	□
1	0.6

270 × 0.6 = 162　　162ページ

6．

200	□
1	0.17

200 × 0.17 = 34　　34kg

7．

3300	□
1	0.6

1 − 0.4 = 0.6
3300 × 0.6 = 1980　　1980円

8．

800	□
1	1.25

1 + 0.25 = 1.25
800 × 1.25 = 1000　　1000円

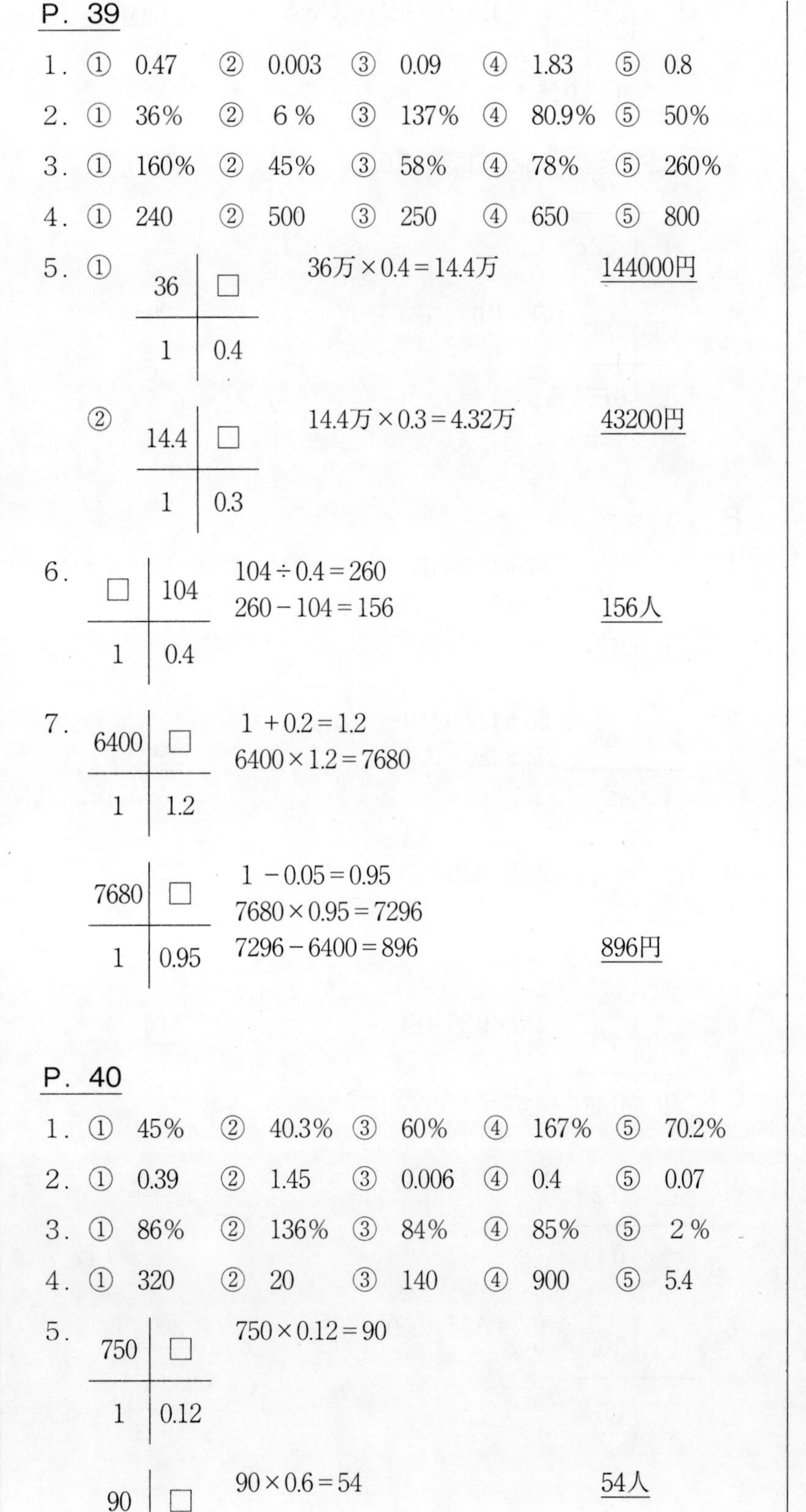

P．39

1．① 0.47　② 0.003　③ 0.09　④ 1.83　⑤ 0.8
2．① 36%　② 6％　③ 137%　④ 80.9%　⑤ 50%
3．① 160%　② 45%　③ 58%　④ 78%　⑤ 260%
4．① 240　② 500　③ 250　④ 650　⑤ 800

5．①

36	□
1	0.4

36万 × 0.4 = 14.4万　　144000円

②

14.4	□
1	0.3

14.4万 × 0.3 = 4.32万　　43200円

6．

□	104
1	0.4

104 ÷ 0.4 = 260
260 − 104 = 156　　156人

7．

6400	□
1	1.2

1 + 0.2 = 1.2
6400 × 1.2 = 7680

7680	□
1	0.95

1 − 0.05 = 0.95
7680 × 0.95 = 7296
7296 − 6400 = 896　　896円

P．40

1．① 45%　② 40.3%　③ 60%　④ 167%　⑤ 70.2%
2．① 0.39　② 1.45　③ 0.006　④ 0.4　⑤ 0.07
3．① 86%　② 136%　③ 84%　④ 85%　⑤ 2％
4．① 320　② 20　③ 140　④ 900　⑤ 5.4

5．

750	□
1	0.12

750 × 0.12 = 90

90	□
1	0.6

90 × 0.6 = 54　　54人

6．

□	300
1	0.2

1 − 0.8 = 0.2
300 ÷ 0.2 = 1500　　1500円

7．

□	12
1	0.08

12 ÷ 0.08 = 150　　150m²

8．

□	172480
1	1.12

1 + 0.12 = 1.12
172480 ÷ 1.12 = 154000　　154000台

P．41

1．① 2.63　② 0.009　③ 0.48　④ 1　⑤ 0.7
2．① 58%　② 90.3%　③ 267%　④ 20%　⑤ 5％
3．① 90%　② 128%　③ 25%　④ 5％　⑤ 108%
4．① 120　② 102　③ 270　④ 2400　⑤ 35
5．① 135 + 15 = 150
176 + 24 = 200　　150g／200g

②

150	15
1	□

15 ÷ 150 = 0.1　　A　10%

200	24
1	□

24 ÷ 200 = 0.12　　B　12%

6．

400	□
1	0.15

400 × 0.15 = 60
400 − 60 = 340　　食塩　60g
水　340g

7．

160	□
1	0.05

160 × 0.05 = 8

200	48
1	□

160 + 40 = 200
8 + 40 = 48
48 ÷ 200 = 0.24　　24%

P．43

1．9：5
2．21：19
3．65：98
4．47：78
5．43：72
6．14：33
7．122：89
8．100：73　または　1：0.73
9．5.5：6.8
10．7：10：6

P．44

1．① 60：30　② 50：60
③ 40：30　④ 12：8
⑤ 50：35　⑥ 100：70
⑦ 45：75　⑧ 9：24
⑨ 125：100　⑩ 40：100

2．① 5：3＝15：9　② 3：7＝12：28
③ 4：6＝2：3　④ 7：12＝14：24
⑤ 15：25＝3：5　⑥ 30：45＝2：3
⑦ 60：40＝3：2　⑧ 12：13＝36：39
⑨ 100：200＝1：2　⑩ 900：700＝9：7

3．① 15：20＝3：4　② 6：18＝1：3
③ 8：12＝2：3　④ 18：15＝6：5
⑤ 24：16＝3：2　⑥ 36：24＝3：2
⑦ 20：60＝1：3　⑧ 45：60＝3：4
⑨ 28：49＝4：7　⑩ 300：500＝3：5

P．45

1．① 0.2：0.6＝2：6＝1：3
② 0.6：0.8＝6：8＝3：4
③ 0.8：0.4＝8：4＝2：1
④ 1.2：1.8＝12：18＝2：3
⑤ 0.9：7.2＝9：72＝1：8
⑥ 1.2：6＝12：60＝1：5
⑦ 1.5：4.5＝15：45＝1：3
⑧ 2.4：5.6＝24：56＝3：7
⑨ 0.24：0.16＝24：16＝3：2

2．① $\frac{1}{3}:\frac{1}{4}=\frac{4}{12}:\frac{3}{12}=4:3$
② $\frac{1}{3}:\frac{1}{2}=\frac{2}{6}:\frac{3}{6}=2:3$
③ $\frac{2}{5}:\frac{1}{3}=\frac{6}{15}:\frac{5}{15}=6:5$
④ $\frac{5}{6}:\frac{3}{4}=\frac{10}{12}:\frac{9}{12}=10:9$
⑤ $\frac{5}{6}:\frac{5}{9}=\frac{15}{18}:\frac{10}{18}=15:10=3:2$
⑥ $\frac{5}{8}:\frac{5}{6}=\frac{15}{24}:\frac{20}{24}=15:20=3:4$
⑦ $\frac{4}{9}:\frac{4}{15}=\frac{20}{45}:\frac{12}{45}=20:12=5:3$
⑧ $\frac{7}{12}:\frac{7}{8}=\frac{14}{24}:\frac{21}{24}=14:21=2:3$
⑨ $\frac{7}{9}:\frac{7}{12}=\frac{28}{36}:\frac{21}{36}=28:21=4:3$

P．46

1．① 8：24＝1：3　② 4：20＝1：5
③ 12：6＝2：1　④ 28：7＝4：1
⑤ 3：27＝1：9　⑥ 32：4＝8：1
⑦ 14：28＝1：2　⑧ 36：12＝3：1
⑨ 6：8＝3：4　⑩ 12：8＝3：2
⑪ 21：6＝7：2　⑫ 9：6＝3：2
⑬ 24：42＝4：7　⑭ 27：45＝3：5
⑮ 35：14＝5：2　⑯ 40：25＝8：5
⑰ 24：40＝3：5　⑱ 18：24＝3：4
⑲ 60：24＝5：2　⑳ 12：36＝1：3

2．① 2.5：4.5＝25：45＝5：9
② 1.8：7.2＝18：72＝1：4
③ 5.6：4.2＝56：42＝4：3
④ 6：1.5＝60：15＝4：1
⑤ $\frac{5}{12}:\frac{3}{8}=\frac{10}{24}:\frac{9}{24}=10:9$
⑥ $\frac{5}{6}:\frac{7}{9}=\frac{15}{18}:\frac{14}{18}=15:14$
⑦ $\frac{3}{8}:\frac{3}{10}=\frac{15}{40}:\frac{12}{40}=15:12=5:4$
⑧ $\frac{5}{16}:\frac{5}{12}=\frac{15}{48}:\frac{20}{48}=15:20=3:4$
⑨ $\frac{7}{12}:\frac{7}{18}=\frac{21}{36}:\frac{14}{36}=21:14=3:2$

P．47

1．3：12＝1：4　<u>1：4</u>
2．25：15＝5：3　<u>5：3</u>
3．75：50＝3：2　<u>3：2</u>
4．800：1800＝4：9　<u>4：9</u>
5．80：55＝16：11　<u>16：11</u>
6．24：15＝8：5　<u>8：5</u>
7．3：1.4＝30：14＝15：7　<u>15：7</u>
8．45：60：15＝3：4：1　<u>3：4：1</u>

P．48

1．1.8：2.4＝18：24＝3：4　<u>3：4</u>
2．37.5：48＝375：480＝25：32　<u>25：32</u>
3．1.2：0.4＝12：4＝3：1　<u>3：1</u>
4．2－0.8＝1.2　0.8：1.2＝8：12＝2：3　<u>2：3</u>
5．$\frac{3}{4}:\frac{1}{4}=3:1$　<u>3：1</u>

6. $\frac{2}{3} : \frac{7}{9} = \frac{6}{9} : \frac{7}{9} = 6 : 7$　　<u>6 : 7</u>

7. $\frac{1}{3} : \frac{1}{2} = \frac{2}{6} : \frac{3}{6} = 2 : 3$　　<u>2 : 3</u>

8. $\frac{3}{4} : \frac{5}{6} = \frac{9}{12} : \frac{10}{12} = 9 : 10$　　<u>9 : 10</u>

P. 49

① $8 : 40 \rightarrow 8 \div 40 = \frac{8}{40} = \frac{1}{5}$

② $75 : 45 \rightarrow 75 \div 45 = \frac{75}{45} = \frac{5}{3}$

③ $10 : 12 \rightarrow 10 \div 12 = \frac{10}{12} = \frac{5}{6}$

④ $32 : 24 \rightarrow 32 \div 24 = \frac{32}{24} = \frac{4}{3}$

⑤ $36 : 24 \rightarrow 36 \div 24 = \frac{36}{24} = \frac{3}{2}$

⑥ $75 : 100 \rightarrow 75 \div 100 = \frac{75}{100} = \frac{3}{4}$

⑦ $28 : 63 \rightarrow 28 \div 63 = \frac{28}{63} = \frac{4}{9}$

⑧ $36 : 60 \rightarrow 36 \div 60 = \frac{36}{60} = \frac{3}{5}$

P. 50

1. $72 \div 90 = \frac{72}{90} = \frac{4}{5}$　　$\frac{4}{5}$

2. $120 \div 124 = \frac{120}{124} = \frac{30}{31}$　　$\frac{30}{31}$

3. $4.8 : 3.6 = 48 : 36$
   $48 \div 36 = \frac{48}{36} = \frac{4}{3}$　　$\frac{4}{3}$

4. ① $0.4 : 0.6 = 4 : 6 \rightarrow \frac{4}{6} = \frac{2}{3}$
   ② $0.6 : 0.8 = 6 : 8 \rightarrow \frac{6}{8} = \frac{3}{4}$

③ $1.5 : 0.6 = 15 : 6 \rightarrow \frac{15}{6} = \frac{5}{2}$

④ $2.1 : 0.9 = 21 : 9 \rightarrow \frac{21}{9} = \frac{7}{3}$

⑤ $1 : 1.5 = 10 : 15 \rightarrow \frac{10}{15} = \frac{2}{3}$

⑥ $1.6 : 1.2 = 16 : 12 \rightarrow \frac{16}{12} = \frac{4}{3}$

⑦ $1.4 : 3.5 = 14 : 35 \rightarrow \frac{14}{35} = \frac{2}{5}$

⑧ $1.6 : 2 = 16 : 20 \rightarrow \frac{16}{20} = \frac{4}{5}$

⑨ $2.7 : 1.8 = 27 : 18 \rightarrow \frac{27}{18} = \frac{3}{2}$

⑩ $3.9 : 2.6 = 39 : 26 \rightarrow \frac{39}{26} = \frac{3}{2}$

P. 52

1. ① 15 ÷ 5 × 3 = 9　　<u>9</u>
   ② 28 ÷ 7 × 4 = 16　　<u>16</u>
   ③ 56 ÷ 8 × 3 = 21　　<u>21</u>
   ④ 14 ÷ 2 = 7　49 ÷ 7 = 7　　<u>7</u>
   ⑤ 21 ÷ 7 = 3　15 ÷ 3 = 5　　<u>5</u>
   ⑥ 24 ÷ 2 = 12　36 ÷ 12 = 3　　<u>3</u>
   ⑦ 26 ÷ 2 = 13　39 ÷ 13 = 3　　<u>3</u>
2. 3 : 8 = 9 : □　9 ÷ 3 × 8 = 24　　<u>24m</u>
3. 5 : 3.5 = □ : 14　14 ÷ 3.5 × 5 = 20　　<u>20m</u>
4. 3 : 10 = 60 : □　60 ÷ 3 × 10 = 200　　<u>200g</u>

P. 53

1. 4 : 7 = □ : 140　140 ÷ 7 × 4 = 80　　<u>80m</u>
2. 15 : 21 = 5 : □　15 ÷ 5 = 3　21 ÷ 3 = 7　　<u>7m</u>
3. 2 : 9 = 240 : □　240 ÷ 2 × 9 = 1080　　<u>1080g</u>
4. 2 : 7 = 40 : □　40 ÷ 2 × 7 = 140　　<u>140枚</u>
5. 7 : 3 = 105 : □　105 ÷ 7 × 3 = 45　　<u>45個</u>

6. 3 : 4 = □ : 60　60 ÷ 4 × 3 = 45　　<u>45本</u>

P. 55

1. ① 7 × 24 ÷ 12 = 14　　<u>14</u>
   ② 3 × 28 ÷ 7 = 12　　<u>12</u>
   ③ 15 × 5 ÷ 25 = 3　　<u>3</u>
   ④ 30 × 9 ÷ 45 = 6　　<u>6</u>
   ⑤ 24 × 4 ÷ 16 = 6　　<u>6</u>
   ⑥ 3 × 15 ÷ 5 = 9　　<u>9</u>
   ⑦ 6 × 8 ÷ 4 = 12　　<u>12</u>
   ⑧ 24 × 3 ÷ 36 = 2　　<u>2</u>
   ⑨ 60 × 3 ÷ 45 = 4　　<u>4</u>
2. ① 15 × 4 ÷ 20 = 3　　<u>3</u>
   ② 6 × 7 ÷ 21 = 2　　<u>2</u>
   ③ 15 × 6 ÷ 18 = 5　　<u>5</u>
   ④ 60 × 4 ÷ 20 = 12　　<u>12</u>
   ⑤ 28 × 7 ÷ 49 = 4　　<u>4</u>
   ⑥ 12 × 39 ÷ 13 = 36　　<u>36</u>
   ⑦ 18 × 4 ÷ 24 = 3　　<u>3</u>
   ⑧ 2 × 60 ÷ 5 = 24　　<u>24</u>
   ⑨ 40 × 3 ÷ 24 = 5　　<u>5</u>
   ⑩ 90 × 5 ÷ 75 = 6　　<u>6</u>

P. 56

1. ① 40 × 3 ÷ 2 = 60　　<u>60</u>
   ② 12 × 14 ÷ 24 = 7　　<u>7</u>
   ③ 16 × 6 ÷ 4 = 24　　<u>24</u>
   ④ 24 × 3 ÷ 2 = 36　　<u>36</u>
   ⑤ 7 × 12 ÷ 28 = 3　　<u>3</u>
   ⑥ 15 × 5 ÷ 3 = 25　　<u>25</u>
   ⑦ 4 × 24 ÷ 16 = 6　　<u>6</u>
   ⑧ 30 × 9 ÷ 6 = 45　　<u>45</u>

⑨ 5×21÷35＝3　　3

⑩ 45×4÷3＝60　　60

2．① 21×2÷7＝6　　6

② 20×12÷4＝60　　60

③ 12×39÷13＝36　　36

④ 2×60÷5＝24　　24

⑤ 90×5÷6＝75　　75

⑥ 15×4÷3＝20　　20

⑦ 18×5÷15＝6　　6

⑧ 49×4÷28＝7　　7

⑨ 24×3÷4＝18　　18

⑩ 24×5÷3＝40　　40

P．57

1．① 1.2×3÷1.8＝2　　2

② 1.8×2÷1.2＝3　　3

③ 0.6×4÷0.8＝3　　3

④ 0.9×8÷7.2＝1　　1

⑤ 0.3×28÷0.7＝12　　12

⑥ 4.5×6÷3＝9　　9

⑦ 2.4×3÷3.6＝2　　2

⑧ 1.6×6÷2.4＝4　　4

2．① 2.1×0.2÷0.6＝0.7　　0.7

② 1.5×0.4÷1.2＝0.5　　0.5

③ 0.2×0.6÷0.3＝0.4　　0.4

④ 0.8×0.3÷0.6＝0.4　　0.4

⑤ 0.3×2÷0.5＝1.2　　1.2

⑥ 2×0.2÷0.8＝0.5　　0.5

⑦ 1.2×0.4÷0.8＝0.6　　0.6

⑧ 4×0.4÷1.6＝1　　1

P．58

1．5：35＝24：□　　24×35÷5＝168　　168g

2．4：6＝250：□　　250×6÷4＝375　　375km

3．3：□＝2：5　　3×5÷2＝7.5　　7.5時間

4．4：5＝120：□　　5×120÷4＝150　　150本

5．5：18＝200：□　　200×18÷5＝720　　720円

6．1.8：□＝720：1000　　1.8×1000÷720＝2.5　　2.5m

P．60

1．5＋3＝8
5：8＝□：24　　5×24÷8＝15　　15時間

2．3＋2＝5
2：5＝□：10000　　2×10000÷5＝4000　　4000円

3．2＋7＝9
2：9＝□：72　　2×72÷9＝16　　16g

4．5＋4＝9
5：9＝□：54　　5×54÷9＝30　　犬　30枚
54－30＝24　　ねこ　24枚

5．4＋3＝7
4：7＝□：63　　4×63÷7＝36　　男　36人
63－36＝27　　女　27人

6．7＋11＝18
7：18＝□：72　　7×72÷18＝28　　セメント　28kg
72－28＝44　　砂　44kg

P．61

1．3：2＝□：40　　3×40÷2＝60　　60個

2．4：3＝56：□　　3×56÷4＝42　　42枚

3．4：5＝□：850　　4×850÷5＝680　　680円

4．7：4＝84：□　　4×84÷7＝48　　48m

5．3：8＝36：□　　8×36÷3＝96　　96m²

6．9：4＝□：96　　9×96÷4＝216　　216m²

P．62

1．300÷2＝150
6：7＝150：□　　150×7÷6＝175　　175円

2．640÷2＝320
3：4＝□：320　　3×320÷4＝240　　240円

3．720÷2＝360
5：8＝□：360　　5×360÷8＝225　　225円

4．7－5＝2
5：2＝□：12　　5×12÷2＝30　　黒　30m
30＋12＝42　　白　42m

5．10－7＝3
3：7＝15：□　　7×15÷3＝35　　縦　35m
35＋15＝50　　横　50m

6．9－7＝2
2：7＝32：□　　7×32÷2＝112　　男　144人
112＋32＝144　　女　112人

P．63

1．5＋3＝8
5：8＝□：64　　5×64÷8＝40　　なす　40m²
64－40＝24　　トマト　24m²

2．7＋5＝12
7：12＝□：60　　7×60÷12＝35　　姉　35枚
60－35＝25　　妹　25枚

3．4＋5＝9
4：9＝□：72　　4×72÷9＝32　　男　32人
72－32＝40　　女　40人

4．2＋5＝7
2：7＝□：280　　2×280÷7＝80　　80m
280－80＝200　　200m

5．3＋2＝5
3：5＝□：4000　　3×4000÷5＝2400　　姉　2400円
4000－2400＝1600　　兄　1600円

6．8＋5＝13
8：13＝□：52　　8×52÷13＝32　　大　32kg
52－32＝20　　小　20kg

P. 64

1. ① 500：300＝5：3　　5：3

② 5＋3＝8
5：8＝□：16　　5×16÷8＝10　　林 10本
16－10＝6　　谷 6本

2. ① 420：480＝7：8　　7：8

② 7＋8＝15
7：15＝□：30　　7×30÷15＝14　　森 14本
30－14＝16　　北 16本

3. ① 400：500＝4：5　　4：5

② 4＋5＝9
4：9＝□：45　　4×45÷9＝20　　星 20枚
45－20＝25　　岸 25枚

4. ① 480：360＝4：3　　4：3

② 4＋3＝7
4：7＝□：140　　4×140÷7＝80　　島 80枚
140－80＝60　　東 60枚

P. 65

1. 900：600＝75：□　　75×600÷900＝50　　50m
2. 35：30＝105：□　　105×30÷35＝90　　90g
3. 15：75＝120：□　　120×75÷15＝600　　600km
4. 4：□＝32：24　　4×24÷32＝3　　3時間
5. 25：□＝400：640　　25×640÷400＝40　　40分間
6. 500：□＝7：5.6　　500×5.6÷7＝400　　400枚

P. 66

1. $225 \div 210 = \frac{225}{210} = \frac{15}{14}$　　$\frac{15}{14}$
2. 14.8÷10＝1.48　　1.48
3. 7：5＝□：30　　7×30÷5＝42　　42枚
4. 30：45＝6：□　　45×6÷30＝9　　9cm
30÷6＝5　　45÷9＝5
5×5＝25　　25枚
5. 25：1000＝8：□　　8×1000÷25＝320　　320秒

6. 3：15＝110：□　　110×15÷3＝550　　550円

P. 67

1. 400：□＝10：12.5　　400×12.5÷10＝500　　500kg
2. 3：□＝4.8：13.6　　3×13.6÷4.8＝8.5　　8.5m
3. 7＋4＝11
7：11＝□：55　　7×55÷11＝35　　35個
4. 5＋3＝8
5：8＝□：96　　5×96÷8＝60　　60m
96－60＝36　　36m
5. 4：7＝48：□　　7×48÷4＝84　　84m
48×84＝4032　　4032m²
6. 7：8＝□：120　　7×120÷8＝105　　105m
105×120＝12600　　12600m²

P. 68

1. 480÷3＝160
4：7＝160：□　　7×160÷4＝280　　280円
2. 7－3＝4
7：4＝□：96　　7×96÷4＝168　　社会 168冊
168－96＝72　　理科 72冊
3. 3＋7＝10
3：10＝□：500　　3×500÷10＝150　　す 150mL
500－150＝350　　油 350mL
4. 3＋4＝7
3：7＝□：840　　3×840÷7＝360　　花だん 360m²
840－360＝480　　菜園 480m²
5. 18：90＝140：□　　140×90÷18＝700　　700km
6. 1.5：□＝1.2：5.2　　1.5×5.2÷1.2＝6.5　　6.5m

P. 70

1. A：B：C → A：B：C
2：3　　10：15
5：6　　15：18
　　10：15：18
10：15：18

2. A：B：C → A：B：C
4：5　　8：10
10：9　　10：9
　　8：10：9
8：10：9

3. A：B：C → A：B：C
5：6　　15：18
9：10　　18：20
　　15：18：20
15：18：20

4. $\frac{2}{3} : \frac{1}{4} = \frac{8}{12} : \frac{3}{12} = 8 : 3$

$\frac{1}{5} : \frac{1}{3} = \frac{3}{15} : \frac{5}{15} = 3 : 5$

A：B：C
8：3
3：5
8：3：5
8：3：5

5. $\frac{3}{4} : \frac{1}{3} = \frac{9}{12} : \frac{4}{12} = 9 : 4$

$\frac{1}{6} : \frac{1}{5} = \frac{5}{30} : \frac{6}{30} = 5 : 6$

A：B：C → A：B：C
9：4　　45：20
5：6　　20：24
　　45：20：24
45：20：24

6. $\frac{1}{6} : \frac{3}{4} = \frac{2}{12} : \frac{9}{12} = 2 : 9$

$\frac{3}{5} : \frac{1}{3} = \frac{9}{15} : \frac{5}{15} = 9 : 5$

A：B：C
2：9
9：5
2：9：5
2：9：5

P. 71

1. B：A：C → B：A：C
2：3　　10：15
5：4　　15：12
　　10：15：12
15：10：12

2. B：A：C → B：A：C
5：6　　5：6
3：2　　6：4
　　5：6：4
6：5：4

3. A : C : B → A : C : B
 3 : 4 　　 9 : 12
 　 6 : 5 　　 12 : 10
 　　　 9 : 12 : 10
 9 : 10 : 12

4. 0.4 : 0.5 = 4 : 5
0.3 : 0.7 = 3 : 7

B : A : C → B : A : C
5 : 4 　　 15 : 12
 3 : 7 　　 12 : 28
 　　 15 : 12 : 28
 12 : 15 : 28

5. 0.5 : 0.3 = 5 : 3
0.4 : 0.9 = 4 : 9

A : C : B → A : C : B
5 : 3 　　 15 : 9
 9 : 4 　　 9 : 4
 　　 15 : 9 : 4
 15 : 4 : 9

6. $\frac{3}{4} : \frac{1}{5} = \frac{15}{20} : \frac{4}{20} = 15 : 4$

$\frac{1}{2} : \frac{2}{7} = \frac{7}{14} : \frac{4}{14} = 7 : 4$

A : C : B
15 : 4
 4 : 7
15 : 4 : 7
 15 : 7 : 4

P. 72

1. ① 12 : 9 = 4 : 3 　② 8 : 20 = 2 : 5
③ 50 : 25 = 2 : 1 　④ 14 : 49 = 2 : 7
⑤ 15 : 12 : 9 = 5 : 4 : 3

2. ① 5 : 15 = □ : 3
15 ÷ 3 = 5 　5 ÷ 5 = 1 　1
② 2 : 5 = □ : 50 　50 ÷ 5 × 2 = 20 　20
③ 70 : 21 = □ : 3
21 ÷ 3 = 7 　70 ÷ 7 = 10 　10
④ 24 : 32 = 3 : □
24 ÷ 3 = 8 　32 ÷ 8 = 4 　4
⑤ 2 : 7 = 6 : □ 　6 ÷ 2 × 7 = 21 　21

3. 800 : 1200 = 2 : 3 　2 : 3

4. 16 : 24 = 2 : 3 　2 : 3

5. 4 : 7 = 20 : □ 　20 ÷ 4 × 7 = 35 　35m

6. 6 : 5 = 18 : □ 　18 ÷ 6 × 5 = 15 　15人

7. 8 : 5 = □ : 10 　10 ÷ 5 × 8 = 16 　16cm

P. 73

1. ① 9 : 7 = 36 : 28 　② 4 : 9 = 28 : 63
③ 12 : 15 = 4 : 5 　④ 24 : 16 = 3 : 2
⑤ 2.5 : 4.5 = 5 : 9

2. ① 15 : 35 = 3 : 7 　② 42 : 30 = 7 : 5
③ 1.4 : 2.1 = 14 : 21 = 2 : 3

3. ① 15 : 20 = □ : 4
20 ÷ 4 = 5 　15 ÷ 5 = 3 　3
② 64 : 40 = 8 : □
64 ÷ 8 = 8 　40 ÷ 8 = 5 　5

4. 6 : 5 = 30 : □ 　30 ÷ 6 × 5 = 25 　25m

5. 2 : □ = 1.5 : 9 　9 ÷ 1.5 × 2 = 12 　12m

6. 3 + 5 = 8
8 : 5 = 40 : □ 　40 ÷ 8 × 5 = 25 　25m

7. 200 + 400 = 600 　600 : 200 = 3 : 1
3 : 1 = 12 : □ 　12 ÷ 3 × 1 = 4 　4本

8. 2 + 3 = 5 　5 : 2 = 1000 : □
1000 ÷ 5 × 2 = 400 　えんぴつ 400円
1000 − 400 = 600 　色えんぴつ 600円

P. 74

1. ① 4.2 : 2.4 = 42 : 24 = 7 : 4
② 1.4 : 3.5 = 14 : 35 = 2 : 5
③ 7 : 2.1 = 70 : 21 = 10 : 3
④ 0.9 : 1.5 = 9 : 15 = 3 : 5
⑤ 2.4 : 1.6 : 1.2 = 24 : 16 : 12 = 6 : 4 : 3

2. ① 3.9 : 1.3 = 39 : 13 = □ : 1 　39 × 1 ÷ 13 = 3 　3
② 2.4 : 3.2 = 24 : 32 = □ : 4 　24 × 4 ÷ 32 = 3 　3
③ 3.3 : 5.5 = 33 : 55 = 3 : □ 　55 × 3 ÷ 33 = 5 　5
④ 0.9 : 2.4 = 9 : 24 = 3 : □ 　24 × 3 ÷ 9 = 8 　8
⑤ 1.2 : 2.1 : 2.4 = 12 : 21 : 24 = □ : 7 : 8
21 ÷ 7 = 3 　12 ÷ 3 = 4 　4

3. 5 : 4 = □ : 60 　60 ÷ 4 × 5 = 75 　75m

4. 5 : 7 = □ : 42 　42 ÷ 7 × 5 = 30 　30cm

5. 7 : 8 = 420 : □ 　420 ÷ 7 × 8 = 480 　480人

6. 3 : 4 = 90 : □
90 ÷ 3 × 4 = 120 　(90 + 120) × 2 = 420 　420m

7. 5 : 8 = □ : 40
40 ÷ 8 × 5 = 25 　25 × 40 = 1000 　1000cm²

P. 75

1. ① $\frac{2}{3} : \frac{1}{2} = \frac{4}{6} : \frac{3}{6} = 4 : 3$
② $\frac{3}{4} : \frac{2}{5} = \frac{15}{20} : \frac{8}{20} = 15 : 8$
③ $\frac{5}{6} : \frac{2}{3} = \frac{5}{6} : \frac{4}{6} = 5 : 4$
④ $\frac{1}{3} : \frac{7}{9} = \frac{3}{9} : \frac{7}{9} = 3 : 7$
⑤ $\frac{3}{4} : \frac{1}{6} = \frac{9}{12} : \frac{2}{12} = 9 : 2$
⑥ $\frac{1}{6} : \frac{2}{9} = \frac{3}{18} : \frac{4}{18} = 3 : 4$
⑦ $\frac{3}{10} : \frac{3}{5} = \frac{3}{10} : \frac{6}{10} = 3 : 6 = 1 : 2$
⑧ $\frac{5}{7} : \frac{5}{14} = \frac{10}{14} : \frac{5}{14} = 10 : 5 = 2 : 1$
⑨ $\frac{5}{8} : \frac{5}{12} = \frac{15}{24} : \frac{10}{24} = 15 : 10 = 3 : 2$
⑩ $\frac{7}{6} : \frac{7}{8} = \frac{28}{24} : \frac{21}{24} = 28 : 21 = 4 : 3$

2. 5 : 3 = 10 : □
10 ÷ 5 × 3 = 6 　10 × 6 ÷ 2 = 30 　30cm²

3. 5 : 6 = 15 : □
15 ÷ 5 × 6 = 18 　(15 + 18) × 2 = 66 　66cm

4. 3 + 5 = 8
8 : 3 = 40 : □　　40 ÷ 8 × 3 = 15　　15m
　　40 − 15 = 25　　25m

5. 40 ÷ 2 = 20　　2 + 3 = 5
5 : 2 = 20 : □　　20 ÷ 5 × 2 = 8　　縦　8m
　　20 − 8 = 12　　横　12m

6. 3 : 4 : 5 = □ : □ : 15　　15 ÷ 5 × 3 = 9　　9cm
　　15 ÷ 5 × 4 = 12　　12cm

P. 76

1. ① $\frac{3}{5} : \frac{2}{3} = \frac{9}{15} : \frac{10}{15} = 9 : 10$

② $\frac{3}{4} : \frac{5}{12} = \frac{9}{12} : \frac{5}{12} = 9 : 5$

③ $\frac{2}{9} : \frac{1}{12} = \frac{8}{36} : \frac{3}{36} = 8 : 3$

④ $\frac{5}{6} : 5 = \frac{5}{6} : \frac{30}{6} = 5 : 30 = 1 : 6$

⑤ $3 : \frac{3}{4} = \frac{12}{4} : \frac{3}{4} = 12 : 3 = 4 : 1$

⑥ $\frac{4}{3} : \frac{4}{7} = \frac{28}{21} : \frac{12}{21} = 28 : 12 = 7 : 3$

⑦ $\frac{5}{12} : \frac{5}{4} = \frac{5}{12} : \frac{15}{12} = 5 : 15 = 1 : 3$

⑧ $\frac{3}{10} : 0.9 = 0.3 : 0.9 = 3 : 9 = 1 : 3$

　または $\frac{3}{10} : \frac{9}{10} = 3 : 9 = 1 : 3$

⑨ $1.2 : \frac{4}{5} = 1.2 : 0.8 = 12 : 8 = 3 : 2$

　または $\frac{12}{10} : \frac{8}{10} = 12 : 8 = 3 : 2$

⑩ $8 : 2\frac{2}{5} = 8 : 2.4 = 80 : 24 = 10 : 3$

　または $\frac{40}{5} : \frac{12}{5} = 40 : 12 = 10 : 3$

2. 3 : 5 = □ : 10
10 ÷ 5 × 3 = 6　　(6 + 10) × 7 ÷ 2 = 56　　56cm²

3. 5 + 3 = 8
8 : 5 = 1000 : □　　1000 ÷ 8 × 5 = 625　　赤　625枚
　　1000 − 625 = 375　　青　375枚

4. 18 : 12 = 3 : 2　　3 + 2 = 5
5 : 3 = 120 : □　　120 ÷ 5 × 3 = 72　　5年生　72本
　　120 − 72 = 48　　6年生　48本

5. 1時間 = 60分
5 : 60 = 7 : □　　60 ÷ 5 × 7 = 84　　84km

6. 5 : 18 = 300 : □　　300 ÷ 5 × 18 = 1080　　1080円

P. 77

1. ① 2 : 6 = □ : 12　　2 × 12 ÷ 6 = 4　　4
② 7 : 2 = □ : 10　　7 × 10 ÷ 2 = 35　　35
③ 6 : 4 = 9 : □　　4 × 9 ÷ 6 = 6　　6
④ 6 : 7 = 18 : □　　7 × 18 ÷ 6 = 21　　21
⑤ 0.8 : 1.2 = □ : 3　　0.8 × 3 ÷ 1.2 = 2　　2
⑥ 5 : 15 = □ : 4.5　　5 × 4.5 ÷ 15 = 1.5　　1.5
⑦ 2 : 1.2 = 5 : □　　1.2 × 5 ÷ 2 = 3　　3
⑧ 2.4 : 1.8 = 4 : □　　1.8 × 4 ÷ 2.4 = 3　　3
⑨ 1.6 : 1.2 = □ : 0.6　　1.6 × 0.6 ÷ 1.2 = 0.8　　0.8
⑩ 0.7 : 0.9 = 2.1 : □　　2.1 × 0.9 ÷ 0.7 = 2.7　　2.7

2. 5 : 7 = 2 : □　　7 × 2 ÷ 5 = 2.8　　2.8m³

3. 16 : 24 = 2 : 3　　2 + 3 = 5
5 : 2 = 240 : □　　2 × 240 ÷ 5 = 96　　1年生　96枚
　　240 − 96 = 144　　2年生　144枚

4. 5 : 7 = 25 : □　　7 × 25 ÷ 5 = 35　　35m

5. 7 + 8 = 15
15 : 7 = 90 : □　　7 × 90 ÷ 15 = 42　　42cm
　　90 − 42 = 48　　48cm

6. 500 : 300 = 1.5 : □　　300 × 1.5 ÷ 500 = 0.9　　0.9kg

P. 78

1. ① 30 : 7 = □ : 28　　30 × 28 ÷ 7 = 120　　120
② 24 : 16 = □ : 4　　24 × 4 ÷ 16 = 6　　6
③ 18 : 15 = □ : 5　　18 × 5 ÷ 15 = 6　　6
④ 5 : 2 = 35 : □　　2 × 35 ÷ 5 = 14　　14
⑤ 24 : 40 = 3 : □　　40 × 3 ÷ 24 = 5　　5

2. ① 40 : 8 = 5 : 1　　② 75 : 45 = 5 : 3
③ 24 : 32 = 3 : 4　　④ 28 : 63 = 4 : 9
⑤ 60 : 36 = 5 : 3

3. 2 : 5 = 24 : □　　5 × 24 ÷ 2 = 60　　60kg

4. 3 : 4 = □ : 156　　3 × 156 ÷ 4 = 117　　117cm

5. 5 : 8 = □ : 18　　5 × 18 ÷ 8 = 11.25　　11.25m

6. 5 : □ = 3 : 42　　5 × 42 ÷ 3 = 70　　70冊

7. 500 : □ = 4.5 : 2.7　　500 × 2.7 ÷ 4.5 = 300　　300枚

P. 79

1. ① 0.9 : 0.6 = 9 : 6 = 3 : 2
② 0.6 : 2.1 = 6 : 21 = 2 : 7
③ 1.6 : 1.2 = 16 : 12 = 4 : 3
④ 1.8 : 2.4 = 18 : 24 = 3 : 4
⑤ 2.4 : 3.2 = 24 : 32 = 3 : 4
⑥ 4.5 : 3 = 45 : 30 = 3 : 2
⑦ $\frac{1}{5} : \frac{1}{6} = \frac{6}{30} : \frac{5}{30} = 6 : 5$
⑧ $\frac{2}{9} : \frac{5}{6} = \frac{4}{18} : \frac{15}{18} = 4 : 15$
⑨ $\frac{5}{12} : \frac{5}{9} = \frac{15}{36} : \frac{20}{36} = 15 : 20 = 3 : 4$
⑩ $\frac{7}{20} : \frac{7}{12} = \frac{21}{60} : \frac{35}{60} = 21 : 35 = 3 : 5$

2. 4 : 5 = 1.2 : □　　1.2 × 5 ÷ 4 = 1.5　　1.5km

3. A : B : C → A : B : C
5 : 2　　　　15 : 6
　　3 : 2　　　　6 : 4
　　　　　　　15 : 6 : 4　　　　15 : 6 : 4

100 ÷ (15 + 6 + 4) = 4
4 × 15 = 60　4 × 6 = 24　4 × 4 = 16　　A 60枚　B 24枚　C 16枚

4. 2 : 5 = 12 : □　5 × 12 ÷ 2 = 30　　縦 30m
30 : □ = 2 : 3　30 × 3 ÷ 2 = 45　　横 45m
30 × 45 = 1350　　$1350m^2$
12 × 12 = 144　　$144m^2$

P. 80

1. ① 15 : 25 = □ : 5　15 × 5 ÷ 25 = 3　　3
② 7 : 12 = □ : 24　7 × 24 ÷ 12 = 14　　14
③ 24 : 28 = 6 : □　28 × 6 ÷ 24 = 7　　7
④ 16 : 40 = 2 : □　40 × 2 ÷ 16 = 5　　5
⑤ 0.3 : 0.7 = □ : 28　0.3 × 28 ÷ 0.7 = 12　　12
⑥ 1.2 : 0.8 = □ : 0.2　1.2 × 0.2 ÷ 0.8 = 0.3　　0.3
⑦ 2.4 : 1.6 = 6 : □　1.6 × 6 ÷ 2.4 = 4　　4
⑧ 1.6 : 4 = 0.4 : □　4 × 0.4 ÷ 1.6 = 1　　1
⑨ 2.1 : 0.6 = □ : 0.2　2.1 × 0.2 ÷ 0.6 = 0.7　　0.7
⑩ 3 : 4.5 = 6 : □　4.5 × 6 ÷ 3 = 9　　9

2. 6 : 45 = 28 : □　28 × 45 ÷ 6 = 210　　210g

3. 3 : 5 = 420 : □　420 × 5 ÷ 3 = 700　　700km

4. 3 + 4 = 7
3 : 7 = □ : 56　3 × 56 ÷ 7 = 24　　24人
56 − 24 = 32　　32人

5. 2 + 7 = 9
2 : 9 = □ : 720　2 × 720 ÷ 9 = 160　　160g

6. 7 : 4 = 63 : □　4 × 63 ÷ 7 = 36　　36m

学力の基礎をきたえどの子も伸ばす研究会

HPアドレス　http://gakuryoku.info/

常任委員長　岸本ひとみ
事務局　〒675-0032 加古川市加古川町備後 178−1−2−102 岸本ひとみ方 ☎・Fax 0794−26−5133

① めざすもの

私たちは、すべての子どもたちが、日本国憲法と子どもの権利条約の精神に基づき、確かな学力の形成を通して豊かな人格の発達が保障され、民主平和の日本の主権者として成長することを願っています。しかし、発達の基盤ともいうべき学力の基礎を鍛えられないまま落ちこぼれている子どもたちが普遍化し、「荒れ」の情況があちこちで出てきています。

私たちは、「見える学力、見えない学力」を共に養うこと、すなわち、基礎の学習をやり遂げさせることと、読書やいろいろな体験を積むことを通して、子どもたちが「自信と誇りとやる気」を持てるようになると考えています。

私たちは、人格の発達が歪められている情況の中で、それを克服し、子どもたちが豊かに成長するような実践に挑戦します。

そのために、つぎのような研究と活動を進めていきます。

① 「読み・書き・計算」を基軸とした学力の基礎をきたえる実践の創造と普及。
② 豊かで確かな学力づくりと子どもを励ます指導と評価の探究。
③ 特別な力量や経験がなくても、その気になれば「いつでも・どこでも・だれでも」ができる実践の普及。
④ 子どもの発達を軸とした父母・国民・他の民間教育団体との協力、共同。

私たちの実践が、大多数の教職員や父母・国民の方々に支持され、大きな教育運動になるよう地道な努力を継続していきます。

② 会　員

- 本会の「めざすもの」を認め、会費を納入する人は、会員になることができる。
- 会費は、年 4000 円とし、7月末までに納入すること。①または②

①郵便振替　口座番号　00920−9−319769
名　称　学力の基礎をきたえどの子も伸ばす研究会

②ゆうちょ銀行
店番099　店名〇九九店（ゼロキュウキュウ）　当座0319769

- 特典　研究会をする場合、講師派遣の補助を受けることができる。
  大会参加費の割引を受けることができる。
  学力研ニュース、研究会などの案内を無料で送付してもらうことができる。
  自分の実践を学力研ニュースなどに発表することができる。
  研究の部会を作り、会場費などの補助を受けることができる。
  地域サークルを作り、会場費の補助を受けることができる。

③ 活　動

全国家庭塾連絡会と協力して以下の活動を行う。

- 全 国 大 会　全国の研究、実践の交流、深化をはかる場とし、年１回開催する。通常、夏に行う。
- 地域別集会　地域の研究、実践の交流、深化をはかる場とし、年１回開催する。
- 合宿研究会　研究、実践をさらに深化するために行う。
- 地域サークル　日常の研究、実践の交流、深化の場であり、本会の基本活動である。可能な限り月１回の月例会を行う。
- 全国キャラバン　地域の要請に基づいて講師派遣をする。

全国家庭塾連絡会

① めざすもの

私たちは、日本国憲法と子どもの権利条約の精神に基づき、すべての子どもたちが確かな学力と豊かな人格を身につけて、わが国の主権者として成長することを願っています。しかし、わが子も含めて、能力があるにもかかわらず、必要な学力が身につかないままになっている子どもたちがたくさんいることに心を痛めています。

私たちは学力研が追究している教育活動に学びながら、「全国家庭塾連絡会」を結成しました。

この会は、わが子に家庭学習の習慣化を促すことを主な活動内容とする家庭塾運動の交流と普及を目的としています。

私たちの試みが、多くの父母や教職員、市民の方々に支持され、地域に根ざした大きな運動になるよう学力研と連携しながら努力を継続していきます。

② 会　員

本会の「めざすもの」を認め、会費を納入する人は会員になれる。
会費は年額 1500 円とし（団体加入は年額 3000 円）、7月末までに納入する。
会員は会報や連絡交流会の案内、学力研集会の情報などをもらえる。

事務局　〒564-0041　大阪府吹田市泉町４−29−13　影浦邦子方　☎・Fax 06−6380−0420
郵便振替　口座番号　00900−1−109969　名称　全国家庭塾連絡会

単元別 まるわかり！シリーズ11
割合・比習熟プリント

2021年４月10日　発行

著　者　三　木　俊　一
発行者　面　屋　尚　志
企　画　フォーラム・A
発行所　清　風　堂　書　店
〒530-0057　大阪市北区曽根崎２−11−16
電 話（06）6316-1460
FAX（06）6365-5607
振 替　00920-6-119910

制作担当　蒔田司郎・樫内真名生

表紙デザイン・ウエナカデザイン事務所　○☆☆☆☆
印刷・㈱関西共同印刷所　5022
製本・㈱高廣製本